这一生 为自己而活

活成自己喜欢的样子
邂逅独一无二的你
仅有一次的人生
就要活得酣畅淋漓

国荣 编著

国家一级出版社 中国纺织出版社 全国百佳图书出版单位

内 容 提 要

人这一生总是因为太多牵绊而不能自由地生活，痛苦和忧虑也因此而生。为了获得幸福，为了证明自我价值，为了做自己喜欢的事情，我们这一生应为自己而活。

本书通过对自我的详细剖析，列举了引起烦恼的诸多因素，如执念、情绪、勇气、行动力、安全感等，通过生活化的案例，深入浅出地道出“为自己而活”的人生理念。阅读本书，将会唤醒你内在的潜能，让你重新拥有独立的能力，活出真正的自己。

图书在版编目（CIP）数据

这一生，为自己而活 / 国荣编著. —北京：中国纺织出版社，2019.1（2024.1重印）
ISBN 978-7-5180-5512-8

Ⅰ.①这… Ⅱ.①国… Ⅲ.①人生哲学—通俗读物 Ⅳ.①B821-49

中国版本图书馆CIP数据核字（2018）第241204号

责任编辑：闫　星　　特约编辑：李　杨
责任校对：楼旭红　　责任印制：储志伟

中国纺织出版社出版发行
地址：北京市朝阳区百子湾东里A407号楼　邮政编码：100124
销售电话：010—67004422　传真：010—87155801
http：//www.c-textilep.com
E-mail：faxing@c-textilep.com
中国纺织出版社天猫旗舰店
官方微博http：//weibo.com/2119887771
永清县晔盛亚胶印有限公司印刷　各地新华书店经销
2019年1月第1版　2024年1月第3次印刷
开本：710×1000　1/16　印张：13
字数：164千字　定价：42.00元

凡购本书，如有缺页、倒页、脱页，由本社图书营销中心调换

前言 *preface*

人的生命只有一次，理所当然，人应该为自己而活着，而不是为他人而活。一个人之所以存在于这个世界上，是为了让自己成为自己，为自己而活。

生活中，大多数人没有为自己而活，或者说不敢为自己而活。为了父母的期望，选择了不喜欢的专业，从事着不喜欢的工作；为了虚荣心，整天过得战战兢兢，人前显贵人后受罪；为了满足他人的意愿，不懂得开口拒绝，常常委屈自己……这样的人每天都过得很累，漫无目的地向前走，却找不到人生的方向。不能为自己而活的人，他们总感觉生活是苦的，因为怀着消极的情绪，他们忽略了生活中一切美好的事物，只感到疲惫和苦涩。活着，对于他们来说，好像只是一种义务，而没有任何意义。

心理学有一个词汇：人我界限。人生是自己的。当父母把孩子的人生据为己有，那就意味着把孩子的人生牺牲掉了，尽管父母以为自己总是在为孩子牺牲，但是却没有意识到孩子应该有自己的人生。导致孩子不能为自己而活，父母也不能为自己而活。所以，在生活中，人不能在“我们”里面埋葬了“我”。不能为自己而活的人，总被许多事情牵绊，没有属于自己的时间，没有自己的朋友，没有自己的娱乐，没有自己的梦想，甚至从来不问自己快不快乐。

人生只有一次，为什么不为自己而活！活得努力且认真，活得精彩而灿烂，活出自己的丰富人生，活出自己的个性风采。人生再多的挫折也阻止不了为自己而活，你可以有目标和梦想，可以自己制订计划，抛开内心的忧虑和烦恼，勇敢面对人生的真实，努力把最好的一面展现出来，为自己而活。

当你为自己而活，你才会感受到快乐和幸福。寻找到人生的方向，越过丛林，踏过荆棘，不畏前方的艰难险阻，怀着欢快而明朗的心情，努力向前奔跑。

编著者

2018年6月

目录

content

第01章 认识真实的自己，把握当下的人生

002 了解自己，不断完善自己

005 顺应形势，准确定位人生

007 洞察内心，面对生活的真实

011 意念的力量，相信自己是钻石

014 为命运掌舵，把控人生

第02章 不必过于苛求，接纳人生的不完美

018 别一味抱怨和奢望，学会感恩生活

021 生活如半局，不可能全是圆满

024 无法改变的事实，不妨坦然接受

027 失意中坚强，失去中成长

030 调整思路，发现更优秀的自己

第03章
只有坚持目标，人生的努力才会有成效

036　确立目标，为人生指引方向
039　朝着目标，不懈地努力
042　合理安排计划，充实度过人生
045　倾尽全力，把事情做到最好

第04章
勇敢作出选择，才能有满满的收获

050　学会变通，适时调整方向
053　主动选择，必要时懂得放弃
056　人要有主见，生活才是自己的
058　做选择之前，一定要深思熟虑
061　有些坚持，并没有什么意义

第05章
良好的情绪，是获得幸福的必备条件

064　拥有好情绪，才能获得幸福
067　调节心情，消除烦恼和失意
070　及时中止忧虑，为幸福止损
072　以积极的心态迎接命运的挑战

075 磨砺心性，保持沉静平和

078 低调内敛，不过多暴露自己

第06章 **经历一番寒彻骨，你才能成为强大的自己**

082 命运的折磨，激发你的潜能

085 勇敢面对磨难和困境，希望永在

088 满怀信念和勇气，战胜困难

091 踏过荆棘，成为生活的强者

094 挫折与磨砺，让你更强大

第07章 **聪明的人会让自己有价值，让自己变强大**

098 价值，才是你存在的理由

101 自我推销，秀出你的能力

104 不懈学习，不断提升自己

107 与时俱进，随时注入新鲜知识

第08章 **人生不能负重前行，宽容别人也是宽容自己**

112 学会放下，为人生减负

114 以宽仁之心，让怨恨冰消瓦解

117 放下包袱，人生不必负重前行

120 以宽容的心胸面对人生

第09章 绝不得过且过，为自己而活更要认真生活

126 你的认真，让人生开挂

128 把握好今天，让自己更真实

131 自制是最强大的力量和财富

133 你的努力是对自己人生负责

第10章 不当好好先生，为自己勇敢说“不”

138 学会拒绝，别沦落为免费劳动力

141 勇敢说“不”，别让不好意思害了你

144 委婉拒绝，维护对方自尊心

146 适当放松，接受他人的帮忙

第11章 放下无用的执念，让人生快乐前行

152 放下心中执念，浅笑安然

155 保持淡然心态，随遇而安

157 别把面子看得那么重要

160 放下忧虑，学会拥抱生活

164 摆脱苦难的阴影，轻松上阵

第12章 成功的人生不是等来的，要赶快行动

170 主动出击，才能真正成就自己

173 让时间抚平伤痛

176 积极主动，成就人生的辉煌

178 展开行动，不再犹豫不决

第13章 你想要的安全感，只有自己能给

182 真正的安全感，来自你的内心

185 捍卫善良，表明自己的立场

189 勇敢面对，把困难踩在脚下

191 斗志昂扬，与命运抗争

194 自我激励，优秀如你

197 参考文献

第01章

认识真实的自己，把握当下的人生

人贵在自知。所谓知人先知己，当我们想要很好地了解别人时，应该先了解真实的自己，了解自己的优点和缺点，以扬长避短，更好地与人打交道，把握好当下的人生。

了解自己，不断完善自己

每个人从呱呱坠地开始，就不断成长。从娇嫩的婴儿，到渐渐走向成熟，要经历漫长的过程。在此过程中，不但身体不断成长，人的心智也在不断成熟。当然，心智成熟的过程并非像身体那样水到渠成，可以说，人的心智成熟是漫长的也是艰难的。心智的成长，需要不断进行自我反省，审视自己。尽管人人都觉得对自己是非常熟悉的、毫无嫌隙的，然而实际上，大部分人对自己都很陌生。一个人只有真正地了解自己，才能不断自省，不断成长和完善自我，也才能更好地欣赏别人。

在这个世界上，每个人都是独一无二的个体。哪怕是长相完全相同的双胞胎，在性格、志趣、品位等方面也会有所差异。正如一位名人所说，这个世界上绝没有两片完全相同的树叶，也绝没有两个完全相同的人。每个人都是独特的个体，每个人都拥有完全属于自己的世界。我们唯有更好地了解自己的内心，才能更好地了解他人，也才能以更加积极热情的态度投入生活。可以说，一个人唯有正确地认识自己，才能更好地把握人生，也才能更加积极地拥抱人生。

自大学毕业后，张强就非常努力。他找到一份自己喜欢的工作，每天早早地去单位，晚上下班之后，其他同事都走了，他依然留在单位加班。然而，这种工作状态很快就被破坏了，原来张强突然迷上了网络游戏。他不但下班的时候玩游戏，而且在工作的间隙里，也总是偷偷摸摸地玩游戏。他甚至把每个月的大部分薪水都用来购买游戏装备，总而言之，他对游戏已经到了痴迷的程度。有段时间，张强所在的公司安装了新的管理软件，管理者从管理软件上就可以了解每个员工正在利用网络做什么事情。不过，大家都不知情。在连续几天都观察到张强沉迷于游戏之后，张强的上司提醒张强，不要在上班时间做与工作不相干的事情。张强以为上司只是普通的提醒，因而毫不收敛。

一个星期之后，张强收到了公司的辞退通知，他失去了工作。他办理离职手续前问上司自己被辞退的原因，上司向他展示了他近半个月以来的工作状态记录，张强哑口无言。的确，作为公司的员工，却利用工作时间玩游戏，这是任何一个老板都无法容忍的。张强失去了喜爱的工作，懊悔不已。他下定决心戒掉网瘾，从此之后再也不玩游戏，而是全心全意地投入工作。果不其然，他在新公司表现很好，很快就因为工作业绩好得到了提升。

在这个事例中，张强认识自己的过程是痛苦的，直至失去了心爱的工作，他才幡然醒悟。现代社会，各种各样的瘾很多，张强在陷入游戏瘾之中时，丝毫没有意识到自己已经玩物丧志。幸好，公司的管理者及时为他敲响警钟，才使他意识到问题的严重性，从而积极改变自己。毋庸置疑，一个人从稚嫩到成熟，从有很多缺点到渐渐变得完美，都要经历许多磨炼。这个过程说起来很容易，做起来却很难。我们必须时刻保持自我反省的精神，不断地剖析、审视自己，才能不断成长。

朋友们，假如你们想要成就自己独特的人生，就从现在开始努力了解自己吧。当你看着镜子里的自己，你会发现原本自以为熟悉的面容在镜子里显得那么陌生；当你审视精神上的自我，你会发现曾经的自以为了解只是自以为而已。我们只有尽量客观公正地了解自己，并虚心积极地改进自己，才能在人生的路上越走越远，才能如愿以偿地距离成功越来越近。认识自己，是把握人生的第一步，没有人能够越过这一步获得成功的人生。

顺应形势，准确定位人生

不管我们处于人生的哪个阶段，定位都是至关重要的。假如人生没有定位，那么梦想就会失去方向，人生也会如同没头苍蝇一样忙乱地处处碰壁。很多人都知道，船只在漫无边际的大海上航行时，必须通过罗盘定位，才能驶达目的地。人生也如同辽阔无边的大海，而且和大海一样会遭遇狂风大浪、疾风暴雨。在这种情况下，一味地退缩根本毫无用处，我们必须对人生进行准确的定位，然后排除万难，勇往直前。

现实生活中，很多人都把定位与梦想混淆起来。从某种意义上说，定位和梦想的确有着相似之处，然而，定位又不同于梦想。梦想是对人生的憧憬，定位却要求我们对人生进行精准的把握和操控。不管是在生活中，还是在工作中，我们都需要对自己的人生进行定位，才能避免偏颇。此外，在对自己的人生进行定位时，我们还要进行理智的思考，如客观评审自己的条件，分析自己的优势和劣势，从而才能做出理智的定位。和梦想的大而化之不同，定位更加精确，也要求我们稳准狠地把握人生。一个人在成功定位自己之后，既要制订长期目标，也要制订短期目标，而且对于自己如何实现这些目标也能做到胸有成竹。由此可见，定位对于我们人生的实现至关重要。一个人只有准确定位自己的人生，才能向着未来不断努力，竭尽所能地实现自己的人生目标。

在每个人生阶段，都应该顺应形势对自己进行不同的定位。诸如在小学阶段，我们的目标也许是成为三好学生，得到老师的欣赏和喜爱；在高中阶段，我们梦想着能够考入心仪的大学，从父母的身边飞走，开始自己崭新的人生；在工作中，我们希望自己能够更加努力，出类拔萃，从而成就自己的事业；在谈婚论嫁的年纪，我们梦想着找到心仪的意中人，携手度过幸福的人生……正是这些具体的目标定位激励着我们在人生路上不断前行，也帮助我们成就自己。

洞察内心，面对生活的真实

现代社会物欲横流，越来越多的人在对名利的欲望中起起伏伏，迷失了自我。更有甚者，内心不断膨胀，失去了对亲情、爱情和友情的执着，最终变得眼睛里只有钱。对于这样苍白的人生，实在让人倍感遗憾。

也有一些人虽然没有被物质的欲望俘虏，但是却迷失了初心。他们原本对于人生有着美好的憧憬，充满了理想，但是却在平庸的日子里渐渐失去自我，也使得人生失去方向。每当看到那些成功的人，尤其是身边的人获得了巨大的成功，羡慕嫉妒恨总是使我们恨不得马上照搬他人的成功，却完全忘记了那是别人的成功，照搬不来。

很多人都觉得人生特别迷惘，有些人挣了很多钱却不感到快乐，有些人得到了成功却感到很空虚，这都是因为不了解自己内心导致的。也许有人会说，我是最了解自己的，我一直知道自己想要什么。事实并非如此。我们看似对自己很了解，实际上并不是真的了解。很多时候，我们只是熟悉自己而已，但是对于自己内心深处的想法，尤其是潜意识里的想法，往往并不明了。细心的人会发现，在很多影视剧中，男女主角明明已经爱上了对方，但是却因为不明白自己的内心，往往直到要失去的时候才知道自己心中所爱，因而更加积极地争取挽回感情。人们不仅在感情方面如此，在其他方面都是如此。我们自以为了解自身的想法，却没有想到自己的内心也有潜意识，自己对自己也会有一定的欺骗性和蒙蔽性。因而我们只有更加客观理智地分析和评价自己，才能更好地洞察自己的内心，更加真实地面对自己的人生。

作为美国标准石油公司的大BOSS，洛克菲勒的人生在所有人眼里都是光辉璀璨的。33岁那年，年轻的洛克菲勒赚取了人生中的第一桶金——1000万美元。在随后的10年里，他就像是一个旋转不停的陀螺，一刻也未曾放松对梦想的追求。终于在43岁时，他拥有了自己的人生帝国，成立了标准石油公司——世界上最大的垄断企业。然而又过去一个10年后，53岁的洛克菲勒身体状况每况愈下，他不但开始大量掉头发，甚至连眼睫毛都快掉光了，曾经有人觉得他像是一个活着的木乃伊。医生判断他因为长期过度紧张，患上了严重的脱毛症。光秃秃的洛克菲勒不得不给自己定制了很多假发，这使他感到烦恼无比。他的背也过早地驼了，使他看上去就像是个沧桑的老人。为了金钱失去所有的人生快乐，甚至与唯一的弟弟也闹翻了的洛克菲勒，开始反思自己的人生。他决定以不同的方式度过后半生，即轻松愉快地享受生活，善待自己。因而他从53岁开始突然就像变了个人似的，果断地退休，不再为了工作拼命，再也不在吃饭的时候讨论让人厌烦和压力倍增的工作。这一切改变使他已经被医生宣判死刑的人生获得彻底改变，他也顺利活到了98岁高龄。不得不说，洛克菲勒的前半生把生活的意义和工作彻底搞混了，他活着似乎就是为了工作，为了赚钱，直到医生给他敲响警钟，他才意识到工作只是生活的手段，享受才是人生真正的目的。

像洛克菲勒一样前半生拿命换钱，后半生拿钱买命的人，现代社会也有很多。任何情况下，我们都不能把工作和生活的意义本末倒置，毕竟洛克菲勒在需要拿钱买命的时候有很多金钱可供支配的，而作为普通人的我们，必须把健康摆在第一位，否则真的等到身体报警，只怕悔之晚矣。

在熙熙攘攘的大城市，很多人都在困惑不解中挣扎着面对人生。有些人为了理想视金钱如粪土，有些人为了挣到更多的钱改变初衷，放弃人生的理想。其实不管我们采取哪种方式对待人生，归根结底都是为了拥有充实的人生。唯有在生命即将结束时，能够坦然对自己说："我无愧于自己的一生。"这样的人才是人生的赢家。

人生一世，草木一秋，人生其实是非常短暂的。因而我们更要遵循自己的内心，不要违心地对待人生。否则，就算你一直在逃避和退缩，命运也绝不会让你一帆风顺。与其如此，不如放开手脚痛痛快快地活着，大碗喝酒大口吃肉，何尝不是人生的畅意和洒脱。

任何时候，我们内心的方向都是人生的引航灯，只有保持对内心的尊重和顺从，我们的人生才不会委屈，才能拥有豁达和快乐！朋友们，人生苦短，从现在开始就按照内心的旨意行事吧，也许你会发现在你前进的道路，又迎来了柳暗花明又一村的美好和惊喜！

意念的力量，相信自己是钻石

生活中，有些人总是妄自菲薄，自轻自贱，把自己卑微到尘埃里。这样的人往往缺乏自信，而且也没有足够的勇气和毅力面对人生的困境，最终他们必然在对自己一次又一次的否定中，迷失自我，失去自我。

倘若一个人突然失去光明，人生将会如何？当然会感到万分悲惨，毕竟从光明进入黑暗的滋味并不好受，也不是那么容易适应的。当然，这样的厄运发生概率很小，我们可不必害怕。但我们稍不加注意，我们的人生就会像失明一样陷入黑暗。这时，假如我们依然自轻自贱，缺乏自信，则人生一定会彻底沉沦下去。相反，就算满天乌云蔽日，也能够坚持以希望之心对待这一切的人，才能以阳光驱散黑暗，让人生重新迎来光明。这一切的前提条件是，我们要把自己看成璀璨夺目的钻石，而不是和黑暗一般颜色的煤炭，这样我们才能在黑暗之中依然熠熠闪光。

也许有人会说：“世界上哪里有我这样普通而又平凡的钻石呢？”

你也许的确很平凡，还很普通，是那种放在人堆里就找不到的人。然而，每个人都是这个世界上独一无二的存在，也都是与众不同的。而且，每个人既有自己的短处，也会有自己的长处，我们何不多多看到自己的长处，将其发扬光大呢！倘若我们一心一意地只盯着自己的短处，一定会对人生越来越悲观失望，直到彻底失去信心，陷入黑暗。

就像一个人的微笑具有神奇的魔力，不但能够打开他人的心扉，也能让自身变得轻松快乐一样，当我们自以为是钻石，我们的人生也会被钻石的光芒照亮。

举世闻名的物理学家爱因斯坦，一生之中为科学事业献身，为整个人类都做出了杰出的贡献，因而名垂青史。然而，有谁能想到爱因斯坦小时候曾经被怀疑是一个低能儿，甚至直到9岁时依然无法顺畅地用语言与他人进行交流。

除了数学之外，就读中学的爱因斯坦每门成绩都特别糟糕，为此老师对他信心全无，甚至劝说他选择退学。因为老师心中已经认定，他不管怎样都不可能有好的前途。高中时期，爱因斯坦也是经过连续两年的考试，才好不容易得到苏黎世理工学院的录取通知书。

大学毕业后，爱因斯坦的就业之路更是充满坎坷。眼看着他的大学同学都顺利找到工作，他却始终赋闲在家。总而言之，爱因斯坦从小到大都是他人眼中的失败者。但是对于自己的人生出路，爱因斯坦始终坚定不移。原来，他自从进入大学之后，就开始集中所有时间和精力研究物理学，他相信自己一定能够在物理学领域有所建树。即便是在艰难的失业阶段，他也依然坚持不懈地深入学习和研究物理学，从未有过一刻荒废。正是因为他如此坚定执着，坚信自己是物理学领域的璀璨钻石，他才能提出相对论，在人类历史上名垂千古。

毫无疑问，爱因斯坦对自己有很清楚的认识，也坚定不移地相信自己是物理学领域的钻石。正是因为如此自信和执着，他才能排除万难，始终对物理学投入巨大的热情，最终提出了相对论，为人类的进步和发展做出杰出的贡献。古今中外，很多科学领域的天才都不是全才。他们在某一特定领域表现出杰出的才能，但在其他方面却表现平平。他们之所以最终能够获得成功，就是因为他们很清楚自己是钻石，也坚信自己终有一天能够璀璨夺目。

只要我们意念坚定，人生终究会朝着我们所期待的方向发展。尤其是对于自己的未来，我们唯有坚信不疑，才能真正像钻石一样发出光芒。与此相反，假如一个人总是不停地否定自己，非常自卑，那么他无论如何也不可能拥有成功的人生。从此刻开始，让我们告诉自己：我就是钻石！当你这么做了，你一定会变得耀眼夺目。

记住：金无足赤，人无完人。任何时候，我们都要坦然接受自己的缺点和不足，也要客观评价自身的优点和长处，唯有如此我们才能认可自己，充分发掘自身的价值，从而也帮助自己成就精彩的人生。一个自以为是黑煤炭的人是成不了钻石的，相反，假如一个人自认为是钻石，并一直向人生目标努力，他就一定会如同真正的钻石一样发散出耀眼夺目的光芒！

为命运掌舵，把控人生

很多人都把命运归结于无常，实际上，命运从不无常，只是太波折。行驶在茫茫大海上的小船，随时随地都需要及时调整方向，来面对不期而至的风雨。在狂风大作、暴雨如注的恶劣环境中，总有些小船失去方向，不得不随波逐流。而真正强大的掌舵人，任何情况下都不会无缘无故地弃船而逃，相反，他们会非常努力地改变自己的命运，永远也不向命运屈服。人生也是如此。任何时候，我们必须努力成为命运的主人，为命运掌舵，才能把控自己的人生。

有人说性格决定命运，有人说心态决定命运。归根结底，性格也受到心态的影响，也是心态在起很大的决定作用。因而，我们必须掌握好心态，才能控制好情绪，从而做到更好地把控人生。不失控的人生，才在我们的力量范围内，顺从我们的心意，朝着我们期望的方向行进。

关于心态的重要作用，曾经有人将心态与生命的关系比喻为坐骑和骑手的关系。能够把握心态的人，是命运的骑手。而被命运捉弄、无法调整好心态的人，则被命运骑着。这个比喻非常形象，让我们轻而易举就能知道心态不好的严重后果。对于心态，佛家也说，一切烦恼皆由心生。由此可见，我们的人生很大程度上取决于我们拥有怎样的心态。只有拥有从容豁达的心态，淡然面对人生中的一切风雨，我们才能更好地做好自己。

既然客观外物是不容易改变的，就让我们从现在开始努力拥有好心态吧！当你的心中阳光明媚，你看到的世界也将会是明朗的。当你的心中阴云密布，你眼中的世界也会随之黯然失色。很多人羡慕他人充满生活的智慧，其实但凡有大智慧的人，一定是有着豁达宽容心境的人，是拥有乐观心态的人。

作为美国大名鼎鼎的传奇教练，伍登带领球队在美国十二届篮球年赛中夺得了10次全国总冠军。这在美国篮球史上是从未有过的。对于他所创造的辉煌成就，人们都表现出诚挚的认可和赞许。曾经有记者采访伍登的时候问："作为一名职业教练，您是如何做到始终乐观向上的？"伍登笑着说："每天晚上睡觉前，我都会精神百倍地告诉自己，我今天很棒，我明天会更棒！"记者难以置信，再次问道："就这么简单？"伍登笑着说："是啊，就这么简单。"记者又问："真的这么容易？"伍登神秘莫测地说："容易？如果你能把这句话重复20年，并且坚持每天去做，那么你也能够成功。否则，就算你长篇大论地说，也是没有用处的。"

由此可见，伍登的心态无疑保持得非常好。有一次，伍登与朋友一起开车去市中心办事，因为拥堵了很长时间，朋友一直怨声载道，伍登却很高兴地说："这里可真热闹，真繁华啊！"朋友质疑道："你真的这样认为？"伍登坦然回答："当然啊！我喜欢接受生活中的一切事情。不管是高兴还是悲伤，只要我保持积极乐观的心态，我就能够从容应对这些事情，从而更大限度地发挥自己的能力和能量。"

伍登的事例告诉我们，任何人要想获得成功，要想主宰自己的命运，首先要学会保持积极的心态。很多情况下决定我们人生命运的，是心态。当心态不同，我们所看到的世界也会产生相应的变化。

辩证主义告诉我们，任何事情都没有绝对的对错之分。大多数情况下，我们对于事物的判断应该避免偏颇，否则就会导致各种极端。

任何时候，任何情况下，我们都应该怀着积极的心态对待生活。好的心态，能够帮助我们更加悦纳生活，从而做到从容淡定。如果你始终紧张焦虑，一遇到事情就无法保持冷静理智，只会使事情更加恶化。很多人都渴望得到成功，殊不知，要想成功，不但需要付出极大的努力和坚持，更需要有好的心态，帮助我们在面对失败和挫折时不绝望、不沮丧、不放弃。

第02章

不必过于苛求，接纳人生的不完美

人生旅途中，哪有尽善尽美的事情，凡事总有不如意的地方，任何事物总有遗憾的方面，对于这些不必太过于苛求，学会接纳人生中的不完美，你会发现快乐其实很简单。

别一味抱怨和奢望，学会感恩生活

网络上曾流行一句话，假如你因为错过太阳而哭泣，那么你也将错过群星。也有人说，假如命运关闭了你的门，就必然会为你打开窗户。事实的确如此，当我们因为已经发生的事情无限懊恼时，我们很有可能因为沮丧绝望，导致失去美好的未来，也不再能够继续为自己的人生奋力拼搏。当我们遭遇人生的厄运时，只要我们不放弃，那么我们很有可能发现新的转机或生机，从而帮助自己的人生打开崭新的篇章。既然如此，我们每个人都应该杜绝抱怨和无休止的欲望，要想从人生中得到满足，我们应该更多地看看自己所拥有的，从而满怀感激地面对生活，也发自内心地感谢生活。

命运对于每个人都是公平，一味地抱怨和奢望，只会使我们错失很多宝贵的机会，导致事情更加糟糕。在意识到这一点之后，相信聪明的朋友一定会及时改变心态，调整自己对于生活和人生的态度，这样才能更加积极地奋进，也绝不轻易放弃。尤其是不要在抱怨之后做些白日梦，那些梦虽然做起来很容易，但是想要实现，脱离行动是根本不可能的。一千个梦想也比不上一次脚踏实地的行动，说的就是这个道理。

玛丽是一个老教师，她独自一人生活，没有什么积蓄，虽然到了退休年龄，但是她依然非常努力地工作，这对于她的经济和精神都同样重要。在玛丽66岁那年，学校的负责人不得不辞退她。刚开始，玛丽非常沮丧，因为她不知道自己失去工作之后要怎样生活，更不知道自己应该如何消磨时间。思来想去，她决定干些自己喜欢的事情。

她挨个幼儿园寻找工作，她只要求做一件最简单的工作，即给小朋友们讲故事。在得知玛丽有着丰富的教学经验，而且索要的薪水也不高时，很多幼儿园都欣然答应了玛丽的请求。就这样，玛丽每天都拎着幻灯片在几个幼儿园中奔波，她绘声绘色的演讲得到了所有小朋友的真心喜爱。后来，玛丽突发奇想，决定在家里举办故事园，这样那些放学之后的小朋友，都可以去她的家里听她讲故事。玛丽收取的费用很低，这使很多父母都特别支持她的工作。就这样，玛丽的晚年有了自己独特的事业，她成为小朋友们口中不折不扣的“故事大王”。后来，玛丽的事情被一个专门从事幼儿公益的机构知道了，这个机构主动赞助玛丽大量资金，让她出版故事碟，并以非常低廉的价格出售，惠及那些家庭贫困的小朋友。

在这个事例中，玛丽原本在失去工作之后很迷惘，因为她不知道如何才能挣到钱维持生活，也不知道如何消磨大量的闲暇时光。后来，玛丽想到了自己所擅长的，并马上投入去做。就这样，她一步一步地做出了事业，让自己的一生都有了寄托。试想，假如玛丽没有积极寻找自己身上的闪光点，而是为自己惨淡的人生抱怨不休，那么她也就不能在晚年还能迎来事业的高峰，更不可能为很多贫困的小朋友带来绘声绘色的故事。

朋友们，每个人都有缺点，也有优点。任何情况下，我们不要只盯着自己的不足，更要努力发掘自身的优点，尤其是在失去某些便利条件的情况下，我们更不能只盯着自己所缺失的，而要充分利用自己所拥有的。所谓知足常乐，我们只有保持积极乐观的心态，才能更加积极主动地面对人生，也才能真正地改变人生。

古今中外，有很多名人、伟人、成功人士，都比常人遭受了更大的厄运。他们之所以能够成功，并非因为他们得到命运的眷顾，也不是因为他们拥有得更多，而只是因为他们在遭遇坎坷和挫折之后，始终坚持不放弃，努力成就自己的人生。

生活如半局，不可能全是圆满

曾经有一个圆，缺了一个部分，它想找到自己缺失的那部分，变成一个完整的圆。为此，它整日艰难地前行。因为缺了一部分，它无法快速地滚动，只能缓缓地向前行走。最终找到了缺失的那部分。它欣喜若狂，把自己补全。终于，它成为一个真正的圆，它高兴得一蹦三尺高，却发现自己落地之后以极快的速度飞奔出去，即便想停也根本停不下来，更别说观赏沿途的风景了。它咕噜咕噜滚下坡，撞到一面墙壁上，撞得鼻青脸肿。圆抱怨着："我怎么跑得那么快呢，这简直太可怕了。我刚才想要欣赏天边的一朵云彩，居然都被错过了呢！"这时，它费尽千辛万苦找回来的缺失的那部分说："因为你现在是一个圆，所以你只能不停地奔跑。"圆郁郁寡欢："在寻找你的过程中，我看到了很多美丽的风景，难道以后都看不到了吗？"缺失的那部分说："如果你不舍弃我，只怕只能如此。"思来想去，圆舍弃了缺失的那部分，这样它就又可以欣赏沿途的风景了。

生活也和这个圆一样，永远不可能圆满。一旦获得了圆满，生活也就丧失了其本质。所以朋友们，再也不要因为生活不够完美而抱怨，正是不完美的生活给予了你更大的空间，可以不停地提升和完善自己，也能够慢下来欣赏人生旅途中美丽的风景。

战争时期，瑟尔玛·汤普森女士的丈夫被调遣去沙漠里的陆军基地负责防守工作。为了不与丈夫分开，瑟尔玛·汤普森也跟随丈夫一起搬到基地旁边的民宅里居住。在此之前，她从未过过如此艰苦的生活，一段时间之后，她觉得沙漠里的生活简直糟糕透顶。尤其是在她的丈夫深入沙漠腹地执行任务时，她不得不独自留在那个燥热的小房子里。在沙漠里白天温度最高的时候，就算躲藏在仙人掌树荫下，温度也达到125华氏度。再加上孤独和寂寞，她觉得难以忍受。最让她无法忍受的还是沙漠里的风沙，一天的狂风刮下来，她满口沙子，别说吃饭了，呼吸都很困难。

思来想去，瑟尔玛·汤普森决定写信给父母，告诉他们自己要回家。她在写信的时候心情激动不安，觉得自己再也无法忍受哪怕是一秒钟。很快，父亲就给她写了一封简短的回信，信里只有一句话：两个身陷囚牢的人望向铁窗外面，一个人看到繁星挂满夜空，另一个人只看到满地都是泥泞。

瑟尔玛·汤普森反复读着父亲的来信，觉得非常羞愧。她决定调整自己的心态，不再对沙漠里的生活牢骚满腹，而是要寻找到属于自己的星空。从此之后，她不再排斥当地居民，而是与当地居民成为好朋友。

她得到了当地居民馈赠的珍贵的手工艺品，也积极地帮助当地居民。她还深入沙漠之中，找到了很多沙漠深处的化石，以及很多罕见的沙漠植物。渐渐地，她不再对自己的人生感到乏味，也不再排斥沙漠里的生活。最后，她还根据自己在沙漠里的生活经历写了一本书呢！

在这个事例中，瑟尔玛·汤普森刚刚到沙漠里生活，因为语言不通，气候恶劣，自然很不适应。幸好，她被父亲的一封信点拨醒悟，意识到生活原本就是不完美的，自己应该调整心态，寻找和发现生活之中的美。如此一来，她成功地悦纳生活，并积极地改变自己的人生。假如瑟尔玛·汤普森当初离开了沙漠，那么她不但无法继续陪伴在丈夫身边，而且也无法写出那么优秀的关于沙漠的作品。

朋友们，当你们觉得一切都很糟糕时，必须意识到，生活并没有发生太大的改变，改变的是我们的心境。要知道，生活的本相就是不圆满，所以我们也没有必要为了生活而影响自己的情绪。当我们的眼睛只盯着生活的残缺部分，我们又如何获得美好的生活呢？从这个角度而言，我们必须调整自己的心态，让自己发现生活的美，找到生活中点点滴滴的幸福，才能真正地拥抱生活，享受生活。

无法改变的事实，不妨坦然接受

任何事情一旦发生，就成为无法改变的历史，因而聪明人懂得接受历史，不会异想天开地想要改变历史。相反，那些对于历史耿耿于怀的人，总是试图改变历史，导致人生郁郁寡欢，再也无法与幸福快乐相伴。

西方国家有句谚语，不要为打翻的牛奶哭泣。中国也有句古话，说出去的话泼出去的水。人们之所以用“覆水难收”来形容说出去的话，是因为每个人都知道泼出去的水是无法收回来的，说出去的话也同样如此。对于这些已经成为事实无法改变的东西，我们只能接受，若一味地对抗，只会使一切都变得更加糟糕。

任何错误，对于我们人生具有的积极作用，就是使我们的人生有了更多的经验，这样当我们在面对更多的坎坷挫折时，就不至于惊慌失措。相反，假如我们一味地沉浸在过去的事情里无法自拔，最终只会导致我们错失眼前的机会，甚至不再拥有美好的未来。不得不说，这样的结果是更让人遗憾的。

高三那年，他因早恋而落榜，原本能够考上名牌大学的他，在懊悔之中度过了整个暑假。直到进入复读班学习，他依然非常沮丧，不停地回想着：假如我当初没有早恋，而是抓紧最后一年的时间认真学习，全力冲刺，也许我今天也和很多同学一样在大学校园里生活。就这样，他整个高三复读期间也过得郁郁寡欢，心神不宁。最终，他再次高考非但没有考上大学，成绩反而不如第一次高考。他更加失落，整日待在家里，最后居然精神失常了。

在这个事例中，原本有着大好前途的高三学子，就这样被毁掉了。有人说，他毁于一场早恋，其实并非如此，最根本的原因在于他的心理太脆弱，而且对于已经发生的事情他也过于耿耿于怀。没有人能改变已经成为事实的事情，这也是很多人苦恼的原因。

在寸土寸金的大都市，房子一直是小马心中的隐痛。当初，他和爱人省吃俭用，好不容易积攒了几十万元钱。原本，小马想要买套两居室，不想爱人坚决反对，因为虽然他们的首付够了，但是月供的压力却很大。为此，小马只得听从爱人的建议，买了一套一居室。10年过去了，他们又积攒了点儿钱，而且孩子也长大了，需要分房而居，因而他们想要换房。在了解市场行情后，小马惊讶地发现，自己辛苦积攒10年的积蓄，根本不够买和10年前一样大的两居室，还要再贷款几十万才够呢！为此，小马懊悔不已，想想自己当初如果买了两居室，那么现在至少还有积蓄。为此，他和爱人经常吵架，爱人也很后悔，却不愿意在小马面前承认错误。渐渐地，他们夫妻间的感情受到影响。有一次，小马喝多了酒又和爱人吵架，爱人居然一气之下带着孩子回了娘家。看着空空荡荡的屋子，小马这才意识到：如果没有家人的陪伴，再大的房子都是毫无人气的水泥堆砌而已。

历史是无法改变的，对于小马和爱人而言，既然已经做出了错误的决定，10年之后再懊悔，显然是毫无意义的。而且，这样的懊悔只会让他们不停地争吵，原本和睦的夫妻感情也受到影响。如果说他们已经错失了买两居室的好机会，现在再失去幸福的婚姻，岂非损失更大吗？因而，对于小马而言，聪明的选择是放宽心态，接受无法改变的事实，至少自己还有幸福的家庭。

朋友们，历史已经过去，再也无法更改。不管我们此时此刻面对的情况是好还是坏，我们都只能勇往直前，不能退缩，更不能回避。只要我们摆正心态，才能更好地面对人生，才能把握好现在，赢得美好的未来。

失意中坚强，失去中成长

人生不如意十之八九，可以说，在这个世界上，没有谁的人生是一帆风顺的。即便是命运的宠儿，也难免要在一生之中遭遇几次坎坷与挫折。小小的坎坷与挫折，大多数人都能坦然度过，然而如果遇到人生的大风大浪，则是考验我们的时刻了。很多人都羡慕强者的光环，实际上，考察一个人是否是人生的强者，不在于他成功时的状态，毕竟每个人在成功时都是春风得意的。真正明智的人，要想了解一个人是否是人生的强者，会考察他在人生中失意时的状态，尤其是要考察他在遭受人生困厄时，能否坦然以对。

曾经有人说，假如有人在面对失败的时候退却了，那么他只能收获失败。相反，一个人只有在失败面前越挫越勇，而且踩着失败的阶梯不断攀升，他迟早会成为真正的强者。尤其是很多时候，失败不但伴随着厄运，还会伴随着屈辱等。这种情况下，我们只有潜下心来休养生息、养精蓄锐，才能最大限度发挥自身的能力，成就独属于自己的精彩人生。

春秋时期，吴王阖闾带兵攻打越国时，被越国大将砍伤右脚，导致全身感染，失去性命。后来，他的儿子夫差继承王位，在经过3年的励精图治后，夫差率领大军攻打越国，发誓要为父亲报仇。他们一鼓作气地攻下越国的都城会稽，俘虏了越王勾践。夫差派人把勾践夫妇押解到吴国当人质，就关押在父亲墓旁的石屋中，为父亲看守坟墓。在此期间，夫差还喝令勾践夫妇为他养马，想方设法侮辱勾践夫妇。对此，勾践夫妇表现得言听计从，从未有任何不服的表现。在几年的时间里，勾践夫妇受尽屈辱，最终赢得夫差的信任，被夫差放回越国。

其实，在吴国的几年里，勾践从未忘记报仇雪恨的事情，因而一回到越国，他马上振奋精神，埋头苦干。为了督促自己不要忘记在吴国所受到的屈辱，他主动睡到铺着柴草的地上，不愿意睡在柔软的床铺上。此外，勾践还在自己吃饭的饭桌上方悬挂起一个苦胆，每次吃饭前，他都会先品尝一下苦胆，提醒自己牢记耻辱。就这样，勾践和妻子总是粗茶布衣，身为表率。在他的治理和带领下，越国百姓万众一心，奋斗不息，最终国富民安，找准机会对吴国发兵，彻底消灭了吴国。

在吴国受尽屈辱回到越国后，勾践从未有一刻忘记报仇的事情。所以，他和妻子粗茶布衣，时刻提醒自己不忘报仇雪耻。正因为如此，勾践才能把国家治理得国富民强，抓住机会彻底消灭吴国。现实生活中，我们也常常遭遇困境，可曾做到像勾践一样忍辱负重，不负所望呢?

真正的智者，即便遭遇困境，心中也会燃起希望的光芒。他们总是站在充满希望的地方，为自己汲取更多的能量。所以朋友们，遭遇失意并非最糟糕的，糟糕的是我们就此沉沦，再也没有奋斗的勇气和成功的希望。就像每天24个小时的轮回一样，太阳下山了，我们能够迎来月亮，就算是在月黑风高的夜晚，天空中也总是点缀着星星，为我们照亮前行的路。朋友们，让我们心怀希望和不屈的信念吧，当我们心中燃起希望之光，我们的人生就永远不会陷入黑暗。当我们在希望的指引下艰难地度过人生中的困厄时刻，你会发现曾经的磨难都变成了你最宝贵的财富，你也能够在人生路上勇敢无畏地一往直前了。这就是人从失意中得到的成长，这种成长对于每个人的人生都至关重要、不可替代。

调整思路，发现更优秀的自己

很多时候，我们那些不好的体验并非来自客观外界，而是来自我们的内心，因为我们的主观色彩太过强烈，才导致我们看待客观外物时无法保持一颗平静淡定的心，也因而使得我们的很多看法和评价都产生了一定程度的扭曲。生活中，我们常常羡慕有些人一次又一次获得成功。而他们之所以如此优秀，就是因为他们拥有和我们不一样的视角，也拥有发现和分析问题的独特能力，并一直努力地付出，所以他们才能在人生路上收获更多，也使自己达到常人所不能及的高度。

人们常说，条条大路通罗马。这句话的本意是说古代罗马的道路四通八达，随便选择一条道路走下去，都能够走到罗马城。现在引申为可以从很多方面思考问题，解决问题，而不必拘泥于某一种单调枯燥的方法。尤其是在遭遇人生的死胡同时，我们往往悲观绝望，甚至彻底放弃希望，不再进行任何努力，最终导致彻底失败。可以说，这样的失败并非因为客观存在的绝境引起的，而是因为我们主观的放弃。对于人生的强者而言，人生是没有绝境的天堂。的确，在很多看似艰难和无法突破的情况下，只要我们坚持做最好的自己，就能够改变心态，得到命运更多的馈赠和机遇。

现实生活中，我们常常会遇到各种各样的难题，有些艰难的处境甚至看似无法突破，因而导致我们之中的胆小怯懦者主动放弃、退缩，面对人生难题无计可施。其实在这种情况下一味地冥思苦想并非好办法，最佳的处理方式是调整思路，放弃之前让我们走进死胡同的思维方式，从而给予人生新的契机。很多时候，从某个角度无法获得突破口，一旦改变角度思考，也许就会茅塞顿开。因而我们必须清醒地认识到，很多时候我们无法成功解决问题，并不是因为问题本身的难度，而是因为我们思考的角度。我们可以采取发散性思维、逆向思维等方式，突破思维的禁锢，从而使得思考事半功倍。

人们总是习惯纵向切开杨桃。直到有一天，一个人横向切开了杨桃，他发现了杨桃中隐藏着的五角星。类似的事例生活中还有很多。当我们被困境阻挡住前进的道路时，千万不要对自己产生质疑，而应该调整思路，发现更加优秀的自己。随着思路的改变，你会发现自己其实很优秀，而且也值得得到认可和赞许。由此，重新找回自信的你必然会在生活中有更好的表现，也必然更加理智地面对和拥抱人生。

很久以前，有个年轻人非常自卑，他从不相信自己，对自己的未来从未抱希望。长此以往，他产生了悲观厌世的心理，甚至想要结束自己宝贵的生命。当他来到深山之中寻求解脱时，偶遇一个衣着破烂的老者挑着一担柴火一边走一边唱歌。年轻人疑惑地问老者：“老人家，你很富裕吗？”老者摇摇头。年轻人又问：“你一定从未感到生活艰难吧？”老者笑了，说：“有谁在生活中不曾感受到艰难呢？我从小是个孤儿，一个人风餐露宿、孤苦伶仃地长大。后来好不容易成家，我的妻子却在生产的时候难产，孩子和她一起离开了人世。如今，我依然孑然一身，只有一间破茅草房而已，还不知道明天的早饭在哪里呢！”年轻人更加疑惑：“那你为什么还这么快乐呢？居然还能唱歌？”老人豁达地笑了，说：“我还活着，每天都能看到日月星辰，逢年过节还可以去给妻儿扫墓，有何不满呢？我能活到今天，已经是奇迹了，也是老天爷善待我。”

年轻人若有所思，沉默很久，才对老者说：“老人家，我很自卑，感觉全天下似乎只有我一个人生活得处处不如意，没想到你的命运居然如此悲惨。”老者说：“我并不觉得自己是最悲惨的，我知道一定还有人比我更加处境艰难。既然哭着也是一天，笑着也是一天，我当然要笑着度过人生的每一天，为自己活，也为我那死去的妻儿好好活着。你不要自卑，就像泥土和金子一样，大多数人都认为金子更有价值，更值得人们追捧，但是当我把一粒种子种到地里时，我坚信泥土比金子更能孕育生命。”说完，老者再次背起沉重的柴火，一路高歌着朝着山下走去，年轻人这才恍然大悟：是啊，如果自己注定是泥土，那么就找到最适合的种子孕育吧！

经过老者的点拨，年轻人总算意识到每个人、每件物品都有自身独特的价值，哪怕一个不起眼的人，比如说自己，也是有优点和长处的，也是有价值的。因而，他改变心意，决定要找到最合适的种子精心孕育，再也不会随便产生轻生的念头了。

朋友们，其实我们比自己想象中更优秀，从现在开始，就让我们努力发掘自身的优点，帮助自己扬长避短、取长补短，成为最好的自己。只有成为最好的自己，你才能最大限度地成就自己，获得辉煌的人生！

第03章

只有坚持目标，人生的努力才会有成效

一个人有什么样的心志，就会收获什么样的人生。当定下目标的时候，就应该怀着坚持到底的决心。不管遇到什么样的挫折和困难，都坚持目标不放弃，那么人生的努力必然会有所成效。

确立目标，为人生指引方向

船只在大海上航行，海面上一片茫然，船只必须拥有准确的航向以及明晰的航线，才能不断向着目标驶去。如果船只没有目标和航线，最终一定会消失在茫茫大海中，不知所踪。由此可见，明确的目标和航线，对于海上航行是非常重要的。

其实，不仅仅海上航行需要目标，对于我们的人生而言，也是需要目标的。目标之于人生，恰恰如同灯塔之于船只，只有在灯塔的指引下，船只才能正常航行，人生也只有在目标的指引下，才能避免偏差，一路向前。尤其是对于事业而言，目标对于事业的成功更是具有无法取代的重要作用。要想获得成功人生，我们第一步就要为自己确立目标。就像一次旅行，如果没有目的地，旅行的人又如何到达所谓的终点呢！所以有目标的人更容易获得成功，没有目标的人虽然付出了很多的努力和辛劳，最终却无法到达理想的彼岸。因此我们人生设计的第一步就是确立目标，为人生确定航向，制订航线。

现在是和平年代，大多数朋友都未曾经历过战场，但是都从诸多的影视剧中看过战场上打仗的情形。在革命年代，英勇无畏的革命战士每一次与敌人战斗，都要制订作战目标。有的时候是炸毁敌人的碉堡，有的时候是攻占敌人的高地，有的时候甚至只是杀死敌人的一个小小头目……就这样，革命战士用鲜血和生命实现一个又一个小目标，赢得了革命的胜利。可以说，革命先烈就是通过实现这一个个目标才最终成就大业的，我们也才有了今天幸福安乐的生活。

当然，选定目标只是开始成功之路的第一步。在确定目标之后，我们还要坚定不移地走下去，哪怕面对坎坷和挫折，哪怕需要牺牲流血，我们也要毫不畏惧，勇往直前。

在制订目标的时候，我们还有很多注意事项。诸如，人生是需要长期目标的，这是我们人生的北斗星，可以指引我们朝着最终的目的地不断前进。但是，仅仅有长期目标是不够的。日本马拉松运动员山田本一之所以能够夺得冠军，就是因为他并没有把遥远的马拉松比赛终点当成自己的唯一目标，而是把赛道以不同的标志物分成很多小目标，他逐个达到小目标，最终成功完成马拉松比赛。在人生这场马拉松比赛中，如果只给自己一个长期目标，那么我们必然因为实现目标遥遥无期，导致心情沮丧失落，甚至失去信心。在这种情况下，我们就要把这个长期目标分解成中期目标，或者分解成很多短期目标，这样一来我们就能在不断实现目标的过程中得到激励，从而勇往直前，绝不放弃。除了长期目标、中期目标和短期目标之外，我们还可以每天都给自己设定目标。这样，当我们结束一天辛勤劳碌的学习和工作之后，必然因为实现了自己一天的目标感到内心充实，从而更加精神抖擞地迎接明天的到来。总而言之，人生是需要目标的。我们唯有确立目标才能让人生始终保持正确的航向，顺利到达人生的目的地。

朝着目标，不懈地努力

有人说，这个世界上最怕的就是“认真”二字。的确，一件事情无论难度多大，只要我们专心认真，不遗余力地努力去做，就能够把困难的变成简单的，从而最终获得成功。一个成功的人也许需要具备很多优秀的品质，但是对他们而言，最优秀的品质就是认真。假如一个人看似一直在努力，却没有真正获得成功，也就意味着他还不够认真。那么，何为认真呢？

在小学阶段学习计算题的运算时，所谓认真，指的是对每一个数字都看得真真切切，而且在运算过程中一丝不苟，绝不因为粗心大意导致出现错误。当我们长大成人，无须再花大量时间来学习，那么对于生活和工作，我们也要采取严谨认真的态度，投入我们的时间，付出我们的感情，来获得成功。所谓认真，就是要坚持不懈，永不放弃；所谓认真，就是要全身心投入，绝不疏忽懈怠；所谓认真，就是要不遗余力，让人生在我们热情的双手上绚烂燃烧。

那么对于人生目标，我们更要慎重对待，一旦确立目标，就要坚持不懈地走下去，永不放弃。纵观古今中外，大多数成功者之所以成功，就是因为他们为了实现目标而不遗余力，坚持不懈，从不放弃。有人也许会觉得目标很远大，或者梦想过于遥远，其实这都不是问题。重要的是，我们不要因为对未来心怀恐惧，就提前禁锢自己的脚步，让自己寸步难行。要知道，再多的想法也并不能帮助我们迈出通往成功的第一步，只有切实去做，我们才算是真正开始走向成功，哪怕是小小的一步，也是值得欣喜和鼓舞的。

小严本科毕业后，进入某知名大学附属的一家出版社工作。因为这家出版社主要出版大学教材，所以里面的编辑至少都是研究生毕业，还有很多都是博士，甚至是博士后、大学教授。对此，小严觉得压力很大。尽管他所在的是市场部门，他的工作主要是四处奔波，联络那些订购他们图书的学校，但是他在诸多的专家学者面前，总是感到自惭形秽。毕竟，整个出版社，只有他这一个本科生。

后来，他安慰自己：术业有专攻，就算这些编辑学历很高，不也还是要依靠我四处推销教材嘛！想到这里，他稍微感到平衡一些了。不过，他很快发现一些学历高的编辑在专业能力上也并非很强，总有些自高自大，不认真工作。看到这种现象，小严更加提醒自己：我一定要努力，用实力证明自己的能力。果不其然，作为市场部的一员，小严几乎终年在外出差，在入职的第一年就提高了教材的销量。渐渐地，小严在出版社的地位越来越重要，就连社长都要尊敬他几分呢！

如果小严在那些学历很高的同事面前退缩了，选择放弃这份压力山大的工作，或者自暴自弃，当一天和尚撞一天钟，那么他就很难有今日的成就。可以说，他的成功，是他的坚韧不拔，以及他勇往直前地朝着目标努力奋进换来的。所以，实力就是自己最好的代言，小严用自己在工作上的出色表现，为自己在出版社赢得了一席之地。

毋庸置疑，小严对待工作是非常认真的。在确立目标之后，他马上就朝着目标不懈地努力奋进，所以最终实现了自己的人生目标。要知道，大多数人在通往成功的道路上，缺乏的并不是机遇，也并非自身能力不足，而是缺少一份认真与坚韧。只要我们坚定目标，勇往直前，就能比他人多一些韧性和坚持，从而真正实现自己的人生理想，让自己的人生变得更加丰实厚重。

合理安排计划，充实度过人生

只有目标，而没有切实可行的计划，就会导致我们的目标成为空想。这样一来，不但我们绞尽脑汁确立的目标化为泡影，而且我们的人生也会受到影响。要想让目标实现，要想让人生充实，我们就必须制订人生计划，而且计划还要详细可行，然后一步一步踏踏实实地实现计划，进而使人生也变得圆满。

也许有些朋友会说，现代社会人人生存压力都很大，还要面对工作上的各种挑战，而且生活节奏很快，根本无暇制订计划。而且千头万绪的生活，以及堆积如山的工作，也让我们难以分清轻重缓急。这的确是实情，但是恰恰因为这个实情，我们反而更要抽出时间来制订计划。要知道，没有计划的忙碌是瞎忙，反而会导致事与愿违。只有用心地规划好人生，秩序井然、按部就班地生活，我们才能更加条理清晰，冲破人生的迷雾。要知道，人生之中的很多事情紧急程度都不同，假如我们能够捋清思路，按照统筹的方法安排生活，规划人生，必然事半功倍。反之，我们就会事倍功半，甚至无功而返。

计划有很多，大到人生的规划，小到一天甚至只是半天的计划，都可以制订出来并且实施它。现实告诉我们，那些善于制订计划并且能够严格按照计划安排生活的人，他们的人生是高效的。反之，那些浑浑噩噩、当一天和尚撞一天钟、懵懂度日的人，人生是低效率的，甚至会浪费很多宝贵的时间。正是基于这一点，我们才要制订各种详细可行的计划，从而帮助自己合理安排时间，充实度过人生。

当然，只有计划也依然距离成功很遥远。在制订计划之后，我们接下来要做的就是严格执行计划，让自己的人生井然有序。正如人们常说的，有志者立长志，无志者常立志。能够严格执行计划的人，每次制订计划都能维持很长的时间。但是不能执行计划的人，时不时地就要制订计划，每次却又轻易推翻自己的计划，导致不得不再次制订计划。且不说数次制订计划会浪费多少时间，若我们总是轻易推翻自己的计划，那么渐渐地制订计划就会变成一种形式，甚至等不到执行就会被推翻，这样一来制订计划也就失去了意义。

现在，我们可以肯定制订计划，对于我们的学习、工作和生活都有着很大的好处。它不但能够帮助我们规划生活，而且能帮助我们节约时间，使我们的人生变得秩序井然。那么，如何才能制订行之有效的计划呢？首先，在制订人生计划的时候，我们要牢记人生目标，这样才能始终保持目标，绝不偏离。其次，在制订小的人生计划时，诸如制订一段时间内的工作计划，我们必须对工作的量有一个总体把握，这样才能在有限的时间里合理安排工作，做到劳逸结合。最后，需要注意工作计划与工作日程是不同的。工作日程更像是一天的时间安排，但是工作计划则是有思考地对工作进行长期规划。总而言之，制订计划是相对容易的，要想让计划起到预期的效果，最重要的是在制订计划之后，坚持实施。

无论如何，在这个世界上通往成功的道路只有一条，那就是脚踏实地，勤勤恳恳。再好的想法或者规划，如果不能落到实际行动上，就会变成毫无意义的空谈。反之，即使我们的计划不够完美，但是只要我们能够坚持不懈地按照计划去做，那么日久天长，也必然卓有成效。

倾尽全力，把事情做到最好

现实生活中，有很多人看似每天忙忙碌碌，最终却一事无成。究其原因，他们的忙只是看起来忙，只是形式上的忙，而他们在忙碌的过程中并没有真正用心，因此导致他们效率低下，不见成绩，最终变成穷忙、白忙和瞎忙一场。

哪怕只是做一件简单的事情，要想把事情做好，我们就必须全身心投入。只投入时间和精力是远远不够的，我们还要投入心灵和思想。要知道，这个世界上没有从天而降的成功，一个人要想获得成功，就必须具备兢兢业业、脚踏实地的精神。哪怕平日里再怎么心浮气躁，要想做好一件事情，也必须杜绝心猿意马，更不要不求甚解。尤其是在面对学习和工作时，我们一定要有“钉子精神”，不遗余力地刻苦钻研，这样我们才能真正发现问题，也才能深入实际，彻底解决问题。

和脚踏实地、全身心投入的人相比，大多数失败者都是因为身在曹营心在汉才导致失败的。举个最简单的例子，假如我们只是身体到达了工作或者学习的现场，心灵却神游太虚，那么我们能够听清楚上司的命令与安排或者是老师的讲解吗？三心二意是做不好事情的，这一点我们在小学课文《小猫钓鱼》那一课，就已经有了深刻认识。

1953年夏天，刚刚大学毕业的袁隆平，来到位于湖南省的一所农校担任教师。从此之后，他在19年的时间里始终站在三尺讲台之上，教授给无数的学生以知识。1954年，他主要负责教授植物学。为了让学生更加深入地了解植物学，他对于每一个细小的问题都不放过。他还练成了徒手切片技术，从而帮助学生在显微镜下更加细致地观察细胞的结构。为了回答与学生交流过程中提出的问题，他更是不辞辛苦，去到田地间，亲身实践，寻找答案。

众所周知，袁隆平成功研制出杂交水稻。对于全中国乃至于全世界来说，这都是影响深远的。由于水稻雌雄同花，很难清除掉每一朵雄花，来进行杂交，所以他所面临的首要难题，就是培育出只有雌花的水稻，这样才能顺利与其他品种进行杂交。在当时，整个世界对于这个问题都无计可施，袁隆平却迎难而上，决定去寻找一株天然的没有雄花的水稻。

这个寻找的过程并不容易。袁隆平每天都冒着烈日炎炎，在稻田里弯腰寻找。直到14天之后，他才找到这样一株水稻，这株水稻雄花不发育，性状与众不同。在接下来展开的实验过程中，袁隆平更是始终保持严谨的科学态度，不允许有分毫的误差。他在一年的时间里进行了一万多组实验，他对于每组实验都毫不马虎，严格按照科学要求进行。正因为如此，他才能成为当之无愧的“杂交水稻之父”。

可以说，袁隆平这一生只做好了一件事情，那就是对于水稻的研究。正是这件事情，使得他青史留名，举世皆知。和那些平日里庸庸碌碌、不停忙碌的普通人相比，他无疑是成功的。他的成功就在于他专心致志，心无杂念。

朋友们，如果你们总是这山看着那山高，做了这件事情又想做那件事情，不如从现在开始，摒弃自己的私心杂念，把有限的时间和精力用于最值得你付出的事业上去吧。唯有心无旁骛，才能专心致志地经营好人生之中最伟大的事业，从而让自己收获成功。记住，身入，心也要入，只有全身心投入，才能经营好人生。

第04章

勇敢作出选择，才能有满满的收获

人生就是一次又一次的选择，在人生的岔路口，你作出什么选择将决定你的一生如何度过。人只能选择一种人生道路，所以做决定时要慎重，更要有魄力，勇于创新和进取。站在人生十字路口，勇敢作出选择，才能有满满的收获。

学会变通，适时调整方向

船只在漫无边际的大海上航行，看似无论往哪里走都是可以的，但是，汹涌的波涛下或者有礁石，或者有暗流，船只必须按照一定的航向，才能平安驶达目的地。

有些人认为，一旦考入大学，就得到了人生的百宝箱。殊不知，现代社会人才济济，很少有人能够把大学文凭啃一辈子。现实是残酷的，现代社会知识更新的速度非常之快，很多年轻人看似刚刚大学毕业，实际上他们所学的知识已经落伍了。对此，那种认为大学毕业就不需要继续学习的观点，完全是错误的。要想在现代社会为自己谋求一席之地，要想在工作中崭露头角，大学毕业之后不但需要学习知识，而且要向老员工学习经验，这样才能让自己快速成长。归根结底，学校所学习的知识是有限的，而且也因为脱离生活和工作实际，难免有些落伍。实际生活与工作中，我们需要更多的知识与技能，才能适合复杂多变的现实。这一切，都离不开我们的实践和摸索。

所以说，每一艘船在海上航行，都需要随时根据天气和海面上的情况，改变航向。每一个人在生活中前行，也需要根据自身的实际情况和客观外界的情况，不断地调整自身的发展，从而让自己更加顺应形势，符合潮流的要求。朋友们，要记住，不管什么时候，我们都要活到老，学到老，及时变通。这样，我们就会变成一艘灵活的船只，在人生路上随时调整方向，成为人生的赢家。

大学毕业后，张子墨没有继续读研，而是选择工作。他和大多数同学一样，奔波了很长时间，才找到一份心仪的工作。然而，原本以为自己会在工作中占据优势的他，真正工作了才发现，他在大学中学到的那些引以为荣的知识，已经与现实脱节了。为此，他有些懊悔自己没有读研，却又转念一想，与其读研，还不如在工作中继续深造，掌握最新的与现实接轨的知识，这样才能对工作起到事半功倍的作用。

为此，张子墨毫不迟疑，马上参加了培训班，而且还借助于工作的便利，有针对性地提升自己。转眼之间，3年过去，张子墨凭着出色的表现，已经成为公司的中层管理者。而当初那些一心一意考研也的确如愿以偿的同学，却面对更加严峻的就业形势。毕竟，很多公司需要的并非是单纯的高学历人才，而是经验丰富的高学历人才。和纯粹的研究生学历相比，他们更愿意聘用一个本科学历，但是相关经验丰富的人才。所以，很多读完研究生的同学都羡慕张子墨的远见卓识。只有张子墨知道，自己在面对就业市场和就业形势时，也曾经历了煎熬的心路历程。

地球每时每刻都在自转和公转，这也就注定了万事万物一直都在变化之中。当我们置身于改变的洪流，但是自身却保持一成不变时，我们无疑已经落后了。为了与时俱进，我们必须保持进步的姿态，这样才能最大限度发挥自身的主观能动性，避免自己被时代远远甩下。

人生如同大海，我们每个人也如同在海上航行的船只。唯有更加积极主动地调整自身，让自己与时俱进，我们才能保持进步的姿态，与生活并驾齐驱。美国的职业专家调查发现，职业半衰期越来越短。很多高薪者如果不坚持学习，无须5年，就会失去职业优势，变成低薪者。不得不说，就业形势是非常严峻的，未来社会只有两种人存在，一种是忙着四处找工作而不得的人，一种是整日忙忙碌碌发展事业的人。未来的形势将会更加难以应对。所以朋友们，我们应该未雨绸缪，不断提升和完善自己，未来才不至于被时代的洪流远远甩下。

主动选择，必要时懂得放弃

每个人从呱呱落地降临人世，到不断成长和成熟起来，都必然要经历诸多的选择，或者是得到，或者是失去，毋庸置疑，每一种选择都是艰难的。有人说人生就是由诸多选择组成的，我们在选择的同时，必须不断地放弃那些原本不属于我们或者已经退出我们生命舞台的东西。正如前文所说，一个人只能选择一条人生道路。的确，做选择，就必然有舍弃，当然，好的选择也让我们得到更多。尤其是现代社会，很多人都面临形形色色的诱惑，人生容易陷入欲望的深渊，如果不及时放弃一些不切实际的欲望，我们的人生就容易被欲望捆绑，我们也就无法轻装上阵，奔向最终的成功。

当然，舍弃并非总是轻易就能下定决心的。当我们面临选择时，只有学会放弃，才能理智舍弃。有很多人都对舍弃存在误解，觉得舍弃就是失败，是做人的莫大遗憾。如果我们会下围棋，就会知道偶尔放弃小的利益，就能得到大的利益。正如古人所说，鱼与熊掌不可兼得也。如果我们总是绞尽脑汁地想要得到更多，只怕最终会一无所有。

有个男孩大学毕业后一直没有找到特别理想的工作，因而他决定参加计算机培训班，提升自己的计算机水平。这个培训班需要学习一年的时间，男孩现在还有两个月就要毕业了。正当此时，他通过朋友得知，有一家世界知名的计算机公司正在招聘人才，不但待遇丰厚，而且这家公司发展很好，未来晋升空间很大。不过，这家公司的招聘已经持续了一段时间，如果不抓紧时间去面试，就会错失这个好机会。但是如果面试通过，就必须马上上岗，这样一来男孩就无法完成还剩下两个月的计算机培训课程，更拿不到培训班的结业证书。思来想去，男孩不知如何选择，他决定和父亲商量。

得知事情的原委后，父亲买了两个很大的西瓜，让男孩抱起一个西瓜，然后又让男孩抱起另一个西瓜。但是这两个西瓜真的太大了，即便是只抱起一个西瓜，都要用两只手，根本不可能再抱起一个大西瓜。因而他一筹莫展地看着父亲。父亲似乎看出了男孩的心思，不过依然追问："你如何抱起另一个西瓜呢？"男孩摇摇头，说："我只有两只手，这根本不可能。"父亲笑着说："其实是有办法的，你再好好想想。"男孩思来想去，始终找不到合理的解决方法。这时，父亲示意他放下怀中的那个西瓜，说："现在，你再把另一个西瓜抱起来。"果不其然，男孩轻而易举就抱起另一个西瓜。这时，父亲语重心长地说："人生在世，不可能把所有的好事情都占全。我们必须学会适时地舍弃，才能腾出手来，抓住更重要的人生际遇。"最终，男孩放弃了培训，选择去那家公司面试。他如愿以偿地进入那家公司，获得了自己心仪已久的工作。

很多千载难逢的好机会总是转瞬即逝，假如故事中的男孩在面对这样的机会时迟疑不定，那么他就会错失这个好机会。幸好，父亲以两个西瓜打消了他的顾虑，使他意识到在机会面前不能犹豫，而要果断取舍。其实，每个人在人生之中都有可能面对形形色色的机会，也要做出各种比较为难的选择。此时，我们就必须学会舍弃，否则就会错失良机，追悔莫及。要知道，很多时候舍弃并非被动地失去，而是主动地选择，因而更符合我们的需求，也能够给我们的人生带来好的结果。

朋友们，当你们因为舍弃感到痛心时，不妨想一想有得必有失，自己也许会得到更多，收获更多。当然，很多情况下我们自身无法决定人生的得失。面对被动地失去，我们也要保持坦然的心境，这样才能让自己从容洒脱，明智地拥抱和接纳生活。人生是一场旅行，我们唯有轻装上阵，才能走得更快更好。就让我们忘记人生中那些因为舍弃而产生的痛苦吧，对于任何人而言，最重要的都是往前看，奔向前方。

人要有主见，生活才是自己的

对于每个人而言，梦想只是一个起点，而现实与梦想之间还有着遥远的距离，只有成功的人才能把梦想变成现实。遗憾的是，大多数人徘徊于梦想和现实之间，最终导致梦想成为空想，人生变得空洞。

在梦想和现实之间，道路并非唯一的。学过数学的人都知道，两点之间，直线最短。然而，在梦想和现实之间，又有多少人能够从最短的直线走过，从而顺利实现梦想呢？现实是残酷的，也许直线是他人的捷径，却是我们的绝境。也许对于我们而言的最佳线路，换作另外一个人，就又变成了生路。由此可见，每一条道路的意义对于不同的人而言是完全不同的。因而在选择人生道路时，我们必须从自身的实际情况出发，以自己的人生作为出发点，从而为自己寻找和设计最佳路线。甚至有些时候，我们必须像鲁迅先生所说的那样，自己走出一条路来。也许，最好的道路恰恰是我们自己走出来的。所以朋友们，我们必须时刻牢记一个道理，人生没有绝境。只要我们心怀希望，只要我们对人生满怀憧憬，只要我们愿意为了改变命运不断尝试，我们就能够走出属于自己的人生道路，彻底改变自己的命运。

伟大的发明家爱迪生曾经说过，模仿和自杀无异。这句话告诉我们，一个人要想激发出自身的巨大潜能，就必须始终保持强大的创造力，从而独辟蹊径，至少也要有自己的独到见解。还记得上学时，对于同一道题目，数学老师总是要求我们想出不同的解题方法吗？其实，老师正是在锻炼我们创新的能力，只有不局限于某一种方法，才能想出新的解题方法。生活中的难题更多，我们更要拒绝盲从，才能创造独属于自己的辉煌人生。

做选择之前，一定要深思熟虑

有人说人生是一个不断接受改变的过程，其实，人生更是一个不断选择的过程。从我们呱呱坠地开始，我们就面临选择。喝什么奶粉，穿什么衣服，在哪里照百天照，去上哪个幼儿园，就读哪所小学……这些事情，在我们还不能自主选择的时候，父母为我们做出了选择。父母在做出这些选择的时候伤透了脑筋，在食品安全堪忧的今天，他们千选万挑，只想找到一款对我们的健康真正有利无害的奶粉。随着学龄的到来，为了让我们不输在起跑线上，他们又绞尽脑汁地为我们联系最好的学校。在父母的精心选择中，我们渐渐成长，来到了美好的少年时代，直至成长为青年。我们开始学会选择，想要自己为自己的人生负责。自主选择，为自己的选择承担责任，这是成年人与未成年人显著的区别之一。父母心惊胆战地看着我们在人生的道路上跌跌撞撞，想告诉我们什么是应该选择的，却知道碰壁和犯错是我们人生的必由之路。就这样，在父母的注视中，磕得头破血流的我们长大了。从此之后，父母不再干涉我们，不管什么事情，父母都会默默地支持我们。但是，我们并没有因为享有人生的自主权就任意妄为，相反，我们变得更加谨慎，因为我们肩负着责任。我们必须选择好，才能少走人生的冤枉路，才能事半功倍，更快地达到成功的彼岸。

直观地说，选择就是确定一个方向。就像走路，南辕北辙，永远也到不了终点。唯有选择好方向，再加上努力，才能尽快到达自己的目的地。由此可见，选择是多么重要。生活中，常常有人抱怨，觉得自己的运气太差，而羡慕别人的运气比自己好。其实，不是运气差，而是选择不对。一旦方向错误，你越努力，只能越偏离目标。当然，仅仅有正确的选择还是远远不够的，因为确定方向只是起点，过程的推动力还要看我们的努力程度。

现实生活中，很多人有选择恐惧症。他们在选择的时候往往瞻前顾后，犹豫不决。究其原因，是因为选择的过程中他们无法正确地取舍。要想做出最佳的选择，我们就要有一定的分析能力。凡事都有利弊，任何事情都有两面性，我们不可能只得到，不失去。一分为二地看，任何选择都有得到和舍弃，不同的在于，你更想得到一种怎样的结果。所以，我们在选择的时候就要确定，自己想要什么，必须舍弃什么。这样，在面对选择带来的结果时，才不会患得患失。

张刚和李强大学毕业后，被同一家小公司录取。对此，他们很犹豫。张刚很有野心，并不想去一家小公司混日子，想要自己创业。李强也是相同的想法，但是李强没有张刚有魄力，他很担心创业失败。他和张刚的观念完全不同，对于可能面对的失败，张刚总是说：“没关系，我们还年轻，输得起。”而李强则说：“我们的资本那么少，怎么能经得起失败呢。”就这样，两个好朋友分道扬镳，张刚回到家乡创业，李强则留在小公司开始工作。

张刚回到家乡后，选择了最热卖的母婴用品。他的成本很低，就在家里办公，找了个代加工厂生产婴儿用的三角巾等。这些东西都是一本万利的，成本也许只有一元钱，但是却卖到十几块钱。因为产品要价不高，而且显示出童真童趣，所以张刚的生意非常火爆。虽然每单只有几十块钱，但是每天都要卖出去几十单。如此3年过去，张刚不仅有了自己的加工生产厂，而且淘宝也越开越火，每天都卖出去上百单。而李强呢，在那家小公司3年了，一直没有得到很好的发展，所以现在的他过着和3年前差不多的生活。如今，他正准备辞职回家给张刚打工呢！

3年的时间，因为选择的不同，原本李强可以成为张刚的合伙人，现在只能眼看着张刚成为老板，自己回家给他打工。很多事情，在做出选择的时候，我们不能瞻前顾后。如果3年前李强想清楚，即使创业失败，无非也就是再去找一份工作，像3年后的自己一样生活，那么他就知道，对于他而言，没什么好害怕失去的。如今，张刚用3年博得了自己的潇洒人生，未来的他定然还会有更好的发展，而李强则只能选择跳槽，或者回乡给张刚打工。

这就是选择的魅力，选择好，事半功倍；选择不好，只能一切重头再来，浪费宝贵的青春时光。选择的时候，我们先要深思熟虑，然后要果断采取行动，这样才能抓住最佳契机。

有些坚持，并没有什么意义

鲁迅曾经说过，这个世界上本没有路，走的人多了，也便成了路。人生之中原本没有那么多奇迹，走的人多了，才出现了奇迹。的确，人生路上有很多奇迹，这些都来自人们的坚持，也来自人们果断的放弃。我们羡慕很多成功者的辉煌和成就，却忘记了他们之所以能有今日，是因为他们能够独辟蹊径，不走寻常路。

现代社会，很多年轻人深谙贵在坚持的道理，对于自己不擅长的事情，他们也一味地坚持，最终毫无所获。曾经有人说，兴趣才是人生最好的老师。不管是工作还是学习，我们都要找到自己最擅长的领域并坚持下去，这样才能让我们的发展和进步更加快速，事半功倍。

很多人都曾经去过北京，也知道不到长城非好汉的道理。然而，到了北京是否去长城，是否亲自爬长城，也是需要我们根据自身情况来决定的。例如，年老体衰的朋友，就不要逞强爬长城。可以选择索道的方式去长城上，这样才能避免剧烈和过于劳累的运动对身体的伤害。生活之中也是如此。我们尽管羡慕其他人的成功，也一心一意想要获得成功，但是却要注意，不要坚持他人的成功之道，否则就会导致事与愿违。

现实生活中，很多朋友都喜欢做白日梦，白日梦虽然做的时候很美妙，但是却会耽误人们的很多时间，也会消磨人们的斗志，导致人们无法真正充满信心，努力奋斗。尤其是对于很多青春期男女而言，憧憬未来，但对于现状却不能展开行动切实改变，会使他们郁郁寡欢，更加意志消沉。

做美好的梦，对于每一个充满智慧的人而言，都是使人精神振奋的。但是对于不愿意正视现实且以此逃避现实的人而言，却容易堕落。因此，对于那些不切实际的梦想，我们必须坚决果断地放弃，这样才能鼓起勇气，认清现实，勇往直前。的确，要想果断放弃，最重要的就是勇敢地面对现实，理智分析现实的情况，才能对人生有清晰的规划和计划。要知道，美好的梦境如同水中花镜中月，毕竟只是梦境。与其在梦境中浪费宝贵的生命，不如从梦境中恢复清醒，让自己的人生真正踏上奔向罗马的道路。

所谓“舍得”，之所以是先舍后得，就是因为有舍才有得。很多人面对舍弃缺乏勇气，导致他们也错失了得到的机会。正如古人所说，鱼与熊掌不可兼得。任何情况下，我们都必须更加积极主动地面对人生，勇于舍弃，才能赢得更多的机会，让自己决战当下。记住，条条大路通罗马，人生没有绝境，唯有积极面对人生，我们才能得到人生的无限馈赠。

第05章

良好的情绪，是获得幸福的必备条件

拥有好情绪，才能获得幸福

当我们整日想着悲哀的事情，这些事情就会影响我们的情绪，使我们变得更加郁郁寡欢，甚至患上抑郁症。当我们每天都尽量想那些开心的事情，我们的情绪也会不知不觉地变好，就像我们对着镜子里的自己笑，自己也就会真的感到开心一样。从心理学的角度而言，情绪对于人的影响是很大的，而且这种影响不仅仅局限于我们自身，也会对我们身边和周围的人产生积极的或者消极的影响。这也是现代社会人们越来越重视正能量的原因。

每个人都想要得到幸福的生活，殊不知幸福生活不是找来的，也不是别人赐予的，而是来自我们的内心，来自我们宽和的情绪。很难想象一个歇斯底里的人能够获得幸福，当然，焦躁不安的人也同样与幸福绝缘。细心的朋友会发现，只有拥有好情绪的人，才能拥有幸福，这是因为他们不会因为情绪影响自己的心境，也不会让坏情绪驱赶走自己内心深处的幸福感受。记得有位名人说，这个世界上并不缺少美，缺少的只是善于发现美的眼睛。我们要说，这个世界上并不缺少幸福，缺少的只是能够感受幸福的心灵。我们一定要成为情绪的主宰，不让情绪肆无忌惮地扰乱我们的生活，才能真正地获得幸福，也才能成就自己的完美人生。

作为一个中年男性，约伯简直觉得自己的人生糟糕透顶了。他曾经自己开公司，然而不到1年的时间就倒闭了。为此，他赔光了自己在此前5年中辛苦积攒的所有积蓄，还欠下了很多债务。后来，约伯四处寻找工作，然而对于40多岁的他而言，尤其是在那些公司的负责人听说他曾经自主创业之后，都不愿意雇用他这个有可能自由散漫、不服从管理的人。再后来，约伯在家待业1年多，整日都喝得醉醺醺的，就连曾经最爱他的妻子都想离他而去了。

然而，这样的霉运就在8月的某一天突然结束了。那一天，约伯行走在街道上，他不是很醉，也可以说是待业之后难得的清醒。他走着走着，突然看到有一个人坐在一块木板上，正在用手划拉着地面，向他移来。约伯安静地站在那里，等到那个人终于走近之后，他才发现那个人根本没有腿和脚，只能依靠残留的下肢勉强坐在木板上，用戴着厚厚手套的手推动地面不断向前。那一刻，约伯惊呆了，他甚至忘记了礼貌，就那样直愣愣地盯着对方看。这时，那个依靠木板前进的人艰难地利用双臂支撑起身体，努力地爬台阶。等到他满头大汗地爬到台阶上，突然扭头笑着对约伯说："今天的阳光真好啊，是不是？"这份微笑，如同鲜花在约伯的心中绽放。一刹那间，约伯觉得今天的阳光真好，健全地活着也真好。既然他拥有如此宝贵的财富，又为何还要怨声载道、自暴自弃呢！

从此，约伯彻底振作起来，开始了崭新的人生。

在一生之中，我们会遇到各种各样的坏事情。看看那些成功的人，他们也并非因为得到命运的青睐，才能收获成功，只是因为他们在面对厄运的时候，始终能够保持积极乐观的心态，因而也拥有愉悦的情绪。就像事例中的约伯一样，遇到挫折就马上放弃自己的整个人生，即便命运眷顾他，他也是不可能获得成功的，幸亏他后来醒悟了。真正的强者，是能够主宰自己情绪的人。

朋友们，当你为自己的命运抱怨时，不如想想那些肢体残缺的人。命运对于他们才是最残酷的，但是他们始终没被命运打倒，而是努力地改变自己的命运，也成就自己与众不同的人生。记住，到底是以好的情绪对待人生，还是以坏的情绪扰乱人生，其实与客观发生的一切并无必然的联系。最重要的是你的内心要做出准确的选择，这样你才能使自己开心快乐、幸福甜蜜。一旦你失去好情绪，就算拥有整个世界，也无法如愿以偿地获得幸福。

调节心情，消除烦恼和失意

面对生活的不如意，我们难免会产生各种负面情绪，其中烦恼和失意，无疑是对我们人生影响最大的废弃物。很多爱干净的朋友会定期清理自己的房间，整理自己的衣柜，从而及时清除垃圾，使房间和衣柜保持干净清爽。同样的道理，我们的身体和心灵，也如同我们生活的客观环境一样，会随着情绪波动不停地产生垃圾。为了让我们的心灵更加清爽，我们也必须及时清除内心的垃圾，这样才能始终保持干净的状态迎接和拥抱生活。

每个人都无法逃避生活中的不如意，更不能避免它的发生。面对这些倒霉的事情，我们会难以避免地产生消极的情绪。在这种情况下，我们唯一理智的做法就是清除这些垃圾，让我们的烦恼和失意在恰到好处的时候彻底消失，不再影响我们的生活。我们就像收拾房间时扔掉无用的垃圾一样，彻底摆脱了它们的纠缠。这样一来，你就会发现，清除这些垃圾，把这些垃圾全都扔得远远的，你在人生路上前行时，必然变得非常轻松，也不会因为心灵上的沉重负担觉得压抑、窒息。

作为家里唯一的经济来源，小张在工作上非常努力，也收获了很多。然而，就像月有阴晴圆缺一样，小张近来的工作并不顺利，这一切都从他升职为经理开始。作为一名销售团队的管理者，小张新官上任，并不知道要想管理好销售团队，需要面临多大的困难，付出多少的努力。上任一个多月以来，小张压力倍增，每天晚上回到家里，甚至没有心情陪伴妻子和女儿。有几次，他按捺不住火气，甚至莫名其妙地与妻子吵了起来，这一切都让他们的夫妻感情和家庭生活受到严重影响。

在感到自己无力支撑的时候，小张决定去心理门诊，和心理医生好好聊一聊。在了解小张的情况后，心理医生习以为常地说："你的情况很普遍，主要是因为你刚刚升职，工作上的压力增加导致的。但是我认为，你不应该因此影响你和家人的关系，毕竟工作只是工作，家人是你最值得珍惜的。我建议你在心里种下一棵烦恼树，每次回家，在真正走入家门之前，你都要把自己在工作中产生的所有烦恼，都挂在这棵树上，从而避免将其带入家庭生活。"尽管小张对于心理医生的提议半信半疑，但是他还是照做了。果不其然，在他真的为自己种下一棵烦恼树之后，他回家后总是竭尽所能地控制自己不去想工作上的事情，也彻底忘记那些烦恼。随着在家里休息得越来越好，小张的工作上渐渐有了起色。

每个人都会有烦恼，尤其是像小张一样刚刚在职场上得到晋升的人，面对新的工作内容和更大的工作压力，他们的烦恼必然由然而生。然而，我们必须学会调节生活，不能因为烦恼和失意的存在，就把自己的整个生活搞得一团糟。众所周知，我们的生活是由很多方面组成的，我们必须把这些烦恼和失意作为生活中的正常现象对待，才能尽量减少它们给我们的心情带来的影响。除此之外，我们还要学会调节心情，只有我们积极乐观，才能有效地解决这些不如意，否则只会导致情况在抱怨中越来越糟糕。

朋友们，人生短暂，为了一时的烦恼和失意，就与幸福快乐失之交臂，显然是得不偿失的。当我们端正心态，如常对待烦恼和失意，我们也就能够真正做到从容淡定，面对人生的一切坎坷挫折。所谓消极，就是带着负面情绪生活，不管面对什么问题，都无法做到积极主动地解决。这样一来，我们的人生必然充斥着忧愁苦闷、烦恼失意，也必然失去前行的动力。所以，就让我们看淡烦恼和失意吧，只要我们足够坚强，就没有任何挫折能够打倒我们！在此之前，先让我们成为合格的清洁工，定时清理自己的心灵垃圾，让自己一身轻松地享受幸福美好的人生。

及时中止忧虑，为幸福止损

炒股的人都知道，要适当止损。那么，生活为什么也需要止损呢？当我们被负面情绪缠身，每天都郁郁寡欢，无暇享受美好幸福的生活时，我们就需要止损；当我们因为做错了某件事情，始终都沉浸在懊悔之中，导致没有精力面对即将而来的生活时，我们也需要止损；当我们因为憎恶或者仇恨某人，始终生活在愤愤不平之中，甚至影响了自己对于他人的信任和理解，我们必须马上止损……总而言之，人生之中的很多时候都需要止损。换言之，就是丢掉那些影响我们的坏情绪、恶劣心境、仇恨憎恶等，这样我们才能轻装上阵，淡定生活。

忧虑是一种非常糟糕的情绪，当一个人陷入忧虑之中，就会莫名其妙地焦虑不安，也会更加忧愁苦闷。为忧虑叫停，生活才能变得纯粹而又健康。当然，制止忧虑并非我们想象的那样喊停即可，我们必须找到合适的方法，才能及时中止忧虑。例如，我们可以问自己：我现在忧虑的问题真的会对我的生活产生难以挽回的影响吗？我对于这件事情的忧虑，应该停止在哪个限度呢？我应该为这份忧虑付出怎样的代价，我还值得为它的继续忧虑吗？当你解答了自己的这几个问题，你也就能够理智对待忧虑，也就能够及时为忧虑导致的生活损失叫停。

朋友们，尤其是当我们被负面情绪左右的时候，更应该学会及时止损。否则，负面情绪是会传染的，会使我们越来越陷入焦躁不安的情绪之中。此外，对于人生之中很多显而易见的废弃物，我们更要积极主动地将其清除掉，这样才能轻松地面对人生，在人生路上轻装上阵。

以积极的心态迎接命运的挑战

尽管我们总是以“命运对待每个人都是平等的”这句话安慰自己，现实情况却是，命运对于每个人并不公平。法国大名鼎鼎的启蒙思想家卢梭曾经说过，人的价值取决于自身。这句话告诉我们，任何人都不能以天命不可违为借口，放弃与命运的抗争，逆来顺受地接受命运的安排。正如一首歌里唱的，三分天注定，七分靠打拼。这句歌词告诉我们，每个人要想赢得好运，就要努力与命运抗争，而且不能随便就向命运臣服。

也许有些朋友会说自己的运气实在太差。我不由得想问，难道那些成功者的命运都很好吗？难道他们真的得到了命运的青睐和眷顾吗？其实不然。大多数成功者之所以成功，是因为他们不屈服于命运。从某种意义上说，他们遭受了命运更加严酷的挑战和磨砺，但是他们从未放弃，也从未缴械投降。所以哪怕命运对于我们的确刻薄，哪怕眼下的难关看起来的确很难渡过，我们也必须牢牢把握命运，成为命运的主宰，不为命运所屈服。

一个人要想拥有与众不同的人生，就必须牢牢地把握命运。的确，有些事情有偶然的因素在内，是不可控的。但是只要我们提升自我，时刻把握命运，坚持不懈地努力，我们终究能够改变命运，拥有梦寐以求的人生。尤其是在遭遇困难坎坷的时候，我们更不应该把一切过失都推卸到命运身上。我们不能盲目地相信命运，而要相信自己，只要心中怀有希望，只要坚持不懈地努力，最终一定能够赶走厄运，迎来好运。当然，和命运抗衡并非说起来这么容易，我们必须意志坚强，才能扭转形势，让事情朝着我们所期望的方向发展。

古今中外，有很多与命运抗争的事例，我们身边，这样的事例也并不少见。作为有心人，我们不妨看看那些生活的强者是如何与命运抗争的，我们可以从中得到激励和鼓舞，从而鼓起勇气，向命运宣战。

作为中国体操界的“跳马王”，桑兰虽然年纪不大，但是已经创造了很好的成绩。1998年7月21日，桑兰为了参加美国友好运动会，特意随着队伍提前赶到纽约，参加赛前训练。不想，在训练过程中，她不慎跌落，头部和颈椎着地，导致颈椎粉碎性骨折。这件事情发生之后，美国人民非常关心桑兰，祖国人民也给予了桑兰极大的支持。当时的桑兰还不到20岁，正值人生的青春花季。然而这次意外伤害，导致她重度残疾，只能在轮椅上度过下半生。别说是对于花季少女，哪怕是对于任何健全的人而言，这都是无法承受的生命之重。然而，桑兰非常乐观，她受伤之后再次出现在公众视野中时，一直保持微笑，她积极乐观的精神，甚至感动了为她治疗的美国医生。

受伤后，因为伤势限制，桑兰一直留在美国接受治疗。将近一年之后，她才被接回国内，进行康复治疗。她的人生目标从为祖国和人民争光，变成了能够自理。这是多么锥心的痛苦啊。然而，桑兰很坚强，在基本实现自理而且病情稳定后，她积极投身于文化课的学习，与此同时还抽出大量时间参加公益活动。虽然她高位截瘫的身体再也无法站立起来，但是她的精神却屹立不倒。现在的桑兰已经组建了幸福美好的家庭，而且孕育了健康的儿子，和大多数普通人一样拥有了幸福的三口之家的生活。

任何健全的人对于生命中这样猝不及防的变故，都是很难接受的，尤其是对一个年仅17岁的花季少女，更是难以接受人生必须坐在轮椅上的残酷现实。然而，桑兰也鼓起勇气重新扬起了生命的风帆，以实际行动为我们做出了良好的表率。

和桑兰相比，我们之中的大多数都太幸运了。至少我们还有健全的身体，至少我们无须饱受疾病的折磨。这样说来，我们还有何理由不鼓起勇气与命运抗争呢！所以，朋友们，从现在开始告诉自己：我不相信命运，更不屈服于命运，我知道自己必须坚持，才能以积极乐观的心降服命运。

磨砺心性，保持沉静平和

有些人会因为突如其来的突发事件，或者是某些超出自己预期和想象的事情，而情绪激动，陷入冲动之中，最终做出让自己追悔莫及的事情。有些人却能忍受退让，让事情不至更糟糕。不得不说，短暂的退让或者是失败，对于人漫长的一生而言，并非坏事。相反，恰恰是这样的人生波折，才能帮助我们认清生活的本质，也磨砺心性，从而让我们变得更加沉静平和。

为人处世，很多事情并非我们想象中的那样非黑即白，非对即错。更多的时候，我们必须学会忍住一时之气，控制自己的怒气与冲动，把一时的忍辱负重变成人生中的浴火重生。

时间能够抚平一切创伤，也能够解决一切问题。委曲求全这个词语来自古代，蕴含着古人的智慧。仅从字面意思理解，我们就能够分辨出这个词语的意思，即只有忍受一时的愤怒，让自己保持平静和理智，进行理性思考，才能避免冲动，避免感情用事，也才能做出明智的决断。

这样一来，我们做错事情的概率就会大大降低，我们的人生自然也更容易获得成功，收获圆满。

《三国演义》中，众所周知，张飞是个火暴脾气，经常因为一些微不足道的小事情，就火冒三丈，怒火中烧。当得知好兄弟关羽败走麦城的事情后，他不由得眼冒血泪，发誓一定要亲自杀死仇人，为兄弟报仇雪恨。

张飞当即下令军中，用三天时间挂孝，讨伐吴地。第二天，他的两名下属向他汇报，无法在短时间内准备好白旗白甲，希望张飞能够给予更多的时间。为此，张飞怒不可遏，甚至下令鞭打这两位下属。后来，他更是下了死命令，要求他们二人必须在次日置办好白旗白甲。受到鞭打的两位下属不由得魂飞魄散，他们经过商议之后，决定趁着张飞当天晚上烂醉如泥的机会，砍掉张飞的脑袋，作为礼物，投奔东吴。

在这个历史典故中，这两个下属原本对张飞是忠心耿耿的，如果张飞能够按捺住自己的火暴脾气，没有严令下属必须完成难以完成的任务，那么他们根本不会生出反叛之心。然而，每个人都珍惜自己的生命，都不愿意毫无价值地死去。为此，被逼无奈的下属只好割掉张飞的首级，投奔东吴，为自己寻找一条活路。

在西方国家，有句谚语人尽皆知，即“上帝要想让一个人灭亡，必先使其疯狂”。毋庸置疑，愤怒和冲动，就是使人疯狂的罪魁祸首。很多时候愤怒一旦决堤，便如同洪水一样肆无忌惮，使人完全丧失理智，做出让自己追悔莫及的愚蠢之事。所谓忍字头上一把刀，我们应该把愤怒交给时间去平息，把冲动也留在光阴里化解。唯有拨开忍字头上的乌云，才能看到天空中明媚的阳光。

在愤怒的状态下，人们不但身体上会发生很多难以预测的反应，而且也会丧失理智，不分青红皂白就做出让自己后悔的事情。当怒气平息后，轻则感到懊悔，重则影响自己的大好前程，甚至造成非常严重且无法挽回的后果。正如大名鼎鼎的哲学家康德所说的，生气是用别人的错误惩罚自己。而当我们陷入愤怒之中时，非但会继续用别人的错误惩罚自己，而且还会身不由己，做出让自己追悔莫及的事情，甚至亲手毁掉自己辛苦经营得到的幸福和完满的人生。所以朋友们，我们每个人都不要随随便便就陷入愤怒之中，更不要冲动行事，而要学会忍耐，驱除自己的心魔，让自己的人生变得更加平静理智。

低调内敛，不过多暴露自己

生活中，我们总是提醒自己，也告诫他人，只有真诚处世，才能得到他人的真心相待。然而，真诚虽然是生活中必需的，但是我们更要学会伪装。归根结底，生活不是简单的一加一等于二。生活是复杂的，也是琐碎的，更是微妙的。很多情况超出我们的想象，出乎我们的预料，也有很多情况让我们应接不暇、措手不及。而且在这个世界上我们并非独活，每个人都难以避免与他人打交道。真诚当然是必需的，但是在与他人产生矛盾冲突时，为了避免他人或者自身难堪，也为了使事情不至径直恶化下去，我们更需要学会伪装，学会低调内敛。

举个简单的例子，狡兔三窟。就连狡猾的兔子都有三个洞穴，从而帮助自己逃生，更何况我们人呢！当我们把自己内心深处的想法袒露无遗时，也就意味着我们失去了回旋的余地。反之，假如我们对于自己的所思所想有所保留，那么我们无疑可以利用伪装，让自己进退自如。

当年，刘备陷入困境，无处可去，思来想去，只好投奔曹操。曹操盛情款待，但是因为曹操生性多疑，所以他对刘备也是有所提防的。刘备当然知道曹操的想法，因而他虽然得到曹操的款待，却没有把自己的全盘计划告诉曹操。相反，他每天都在菜园里种菜，还亲自浇灌菜苗，目的就是想使曹操以为他已经看淡名利，放弃对天下的争夺。

有一天，曹操特意在家中设宴款待刘备。他在席间与刘备谈起很多事情，询问刘备是否知道谁才是天下英雄。刘备装作不懂曹操的用意，说出了当世的袁术、袁绍、刘表、孙策等人。不过，曹操对于这些人都不以为然。最终，曹操向刘备明确指出英雄的定义，即一定要"胸怀大志，腹有良谋，有包藏宇宙之机，吞吐天地之志"。听了曹操的话，刘备反问天下有谁能够对英雄的称号当之无愧，曹操当即说天下只有他和刘备，才能称得上是英雄。

听到曹操这句话，刘备心中一惊，当即吓得把手中拿着的汤匙都掉落到地上了。当时，正好天上雷声大震，刘备佯装从容地俯身从地上捡起汤匙，说："一震之感，乃至于此。"不得不说，刘备的确在竭尽所能地掩饰自己的慌乱，尤其是曹操说他自己和刘备都是当世英雄之后，刘备更是仿佛被曹操窥探到内心，惊慌不已。也许是天助刘备，此时一阵惊雷，帮助他成功掩饰自己，渡过难关。

这就是历史上赫赫有名的煮酒论英雄。在与曹操对答的时候，刘备无疑心惊胆战，但是他却表现得从容镇定，很好地掩饰了自己。他在别人面前不夸耀自己，总是低调内敛，即便心怀天下，也装聋作哑，根本不把自己当成和曹操一样的当世英雄。所谓枪打出头鸟，倘若刘备此时在曹操面前得意忘形，毫不收敛，也许就不会有后来的三分天下之势了。

其实，不仅在战争时期需要伪装自己。现代社会尽管处于和平年代，人们远离战争，生活平安，但是也要注意低调内敛，不要锋芒毕露。尤其是在现代职场上，竞争如此激烈，同事之间如果有利益纠纷，很容易就会引起明争暗斗。在这种情况下，与其与其他同事展开毫不掩饰的争斗，不如低调做人，在工作上兢兢业业。这样，当做出切实的成就时，其他同事自然会对我们心服口服，就连上司也会对我们高看一眼。可想而知，我们的职业生涯必然得到很好的发展，而且我们的人生也会因此变得与众不同。所以朋友们，与其张扬，不如收敛。

第06章

经历一番寒彻骨，你才能成为强大的自己

人生的道路曲折漫长，路途上充满了艰辛和磨难，如工作受挫、生活贫困、家庭离散、身体疾病等，面对这些挫折，我们不能消极忍耐或回避，而应该直面人生，只有经历一番寒彻骨，我们才能成为强大的自己。

命运的折磨，激发你的潜能

老人常说，花点儿力气没关系，力气又不会用光。的确，力气是能够恢复的，在辛苦疲劳之后，只要好好休息，补充营养，又浑身充满了力量。人的潜能也是如此。曾经有科学家经过研究证实，人的潜能就像是一座无穷无尽的矿山，而人在一生之中只开发了极少一部分。如果加大力度开发人的潜能，人将会变得非常强大。可以说，潜能也是取之不尽用之不竭的。由此可见，在电视剧《我的前半生》中，罗子君所说的“相信你自己，你其实远远比你看起来更强大”是很有道理的，罗子君也正是通过不断挖掘自身的能力，实现蜕变，最终才成功让自己从全职太太变成精明干练的职场女强人。

通常情况下，人的潜能就像是沉睡的宝藏，并不会自己表现出来。通常只有在突发事件或巨大压力之下，人的潜能才会被激发，人也才会变得比自己想象中更勇敢。诸如罗子君在被离婚之后，根本不觉得自己能够养活自己，也不觉得自己能够成为一名职场女性，她觉得一切都完了，自己的人生从此之后就会陷入黑暗，自己的生活中如果没有陈俊生提供的帮助，那么一切都会变得无法进行下去。然而，在好朋友罗晶的督促下，在贺函的帮助下，她一步一步地走向职场，最终取得了很不错的成就。这就是折磨的力量，其实折磨本身是没有力量的，但是折磨可以激发出我们的潜能，从而让我们更加强大起来。

古今中外，有所成就者多是能够激发自身的潜能，从而把自身的力量发挥到极致的人。我们虽然只是普通而又平凡的人，但是也要感谢那些曾经折磨过我们的人和事情，有了这些我们才能体会出生命的深刻。我们必须宽容那些对我们并不友善的人，让自己的心变得更加豁达友善，也让我们能够更深刻地认识自己，从而努力挖掘出自己的潜能。在非洲奥兰治河的沿岸，生活着很多羚羊。为了研究这些羚羊群，有位动物学家专门展开了长期追踪。他发现生活在东岸的羚羊群繁殖能力很强，而且奔跑速度非常快，相比之下，西岸的羚羊群则慢了很多，繁殖能力也没有那么强。动物学家很纳闷，因为在河岸两边的自然环境是差不多的，而且羚羊的食物也基本相同。为何东岸和西岸相差这么悬殊呢？经过长期的观察，动物学家终于发现在东岸除了生活着这群羚羊之外，还有几只凶残的狼。这些狼经常捕食羚羊，羚羊感受到生命受到威胁，因而更加努力地奔跑，更加努力地繁殖后代，以便能够生存下来。

我们不得不承认，不管是动物还是人，在逆境之中，都能最大限度爆发出生存的动力。动物的潜能是无限的，人的潜能也是无限的，就连羚羊都能在狼的威胁下爆发出超强的生命力，更何况是人呢！因而朋友们，不要让自己的生活过于安逸和舒适，适当地让自己紧张起来，或者为自己赢得更多的机遇和挑战，这样我们才能发掘出自身的潜力，让自己得到更长足的发展。但是，很多时候，潜能并非是我们想激发就能够激发出来的，而是要遭遇困境，才能被激发出来。因而，年轻人必须把自己逼入相对艰难的境遇，才能让自己变得更加勇敢坚强，最终获得成功。

人生之路上，折磨和苦难的生活就像一把双刃剑，能够让强者变得更强大，也能让弱者变得彻底崩溃，甚至毁灭。最关键的不在于磨难本身，而在于我们是否能够调整好自己的心态，从容不迫地面对磨难，积极热情地对待人生。我们千万不要一遇到任何困难就怯懦退缩，唯有勇敢面对人生，才能让人生扬帆起航。

勇敢面对磨难和困境，希望永在

很多人都知道“不经历风雨怎能见彩虹”的这句歌词，也知道“宝剑锋从磨砺出，梅花香自苦寒来”的人生警句，但是现实生活中真正懂得在困境中超越自我、成就自我的人，却依然只占少数。大多数人对于人生中的磨难总是持着排斥和抗拒的态度，他们不知道的是，磨难往往孕育成功，只要我们心怀希望，始终不放弃，我们就有可能获得梦寐以求的成功。

对于人生而言，希望就像是一个钟摆，一刻也不停地在我们的心中摆动。希望也像是一首优美动人的歌曲，总在我们的耳边和心中回响。希望更像是煦暖的春风，能够驱散我们心底的寒冷，使得我们感受到发自内心的温暖。这就是希望的力量。尤其是在人生的困境中，我们唯有心怀希望，才能继续坚持下去，从而从人生的绝境进入人生的顺境。有的时候，在风雨飘摇中，在我们觉得人生无望时，希望的确非常遥远而且渺茫，但是这一切都不能阻止希望孕育成功，只要我们坚信希望能够实现，人生就会爆发出巨大的力量。

古今中外，大凡伟大的人物，都具有坚韧不拔的优秀品质，他们哪怕在绝望的境遇里，也能够始终心怀希望。美国前总统林肯就是一个心怀希望、绝不放弃的人。林肯23岁竞选州议长、24岁做生意全都以失败而告终，生意上的失败更使他身负巨额债务。27岁那年，林肯即将结婚的未婚妻突然去世，导致林肯精神崩溃，卧病在床。然而，这一切都没有打倒他，他始终心怀希望，觉得自己的人生一定能够获得成功。所以在休养生息之后，29岁的林肯再次参加州议长竞选，此后迎接他的依然是一连串的打击。命运似乎不想让他喘口气，才会对待他如此残酷，让他不停地与失败结缘。直到51岁那年，林肯终于成功当选美国总统，这么多年来，他坚持不懈的付出得到了回报。从此之后，他的人生进入新的天地，他在政治上的表现也非常出色，因而被誉为美国历史上最了不起的总统之一。

如果不是因为心中始终燃着希望的火种，如果不是因为始终坚持不懈，林肯如何能够成为美国总统呢？如果他一受到折磨就彻底放弃了希望，不再努力，那么他又如何能够不断提升自己、完善自己呢？所以说，唯有心怀希望，我们才能坚持做事，成就自己与众不同的人生。

如今，诺贝尔奖是颁奖领域最重要的奖项，很多科学家穷尽一生也不一定能得到专业领域的诺贝尔奖。然而，很多人不知道的是，诺贝尔作为世界上最伟大的化学家，为了进行科学实验，失去了弟弟，失去了助手，也遭受了人们的不理解和非议。即便如此，他也没有放弃自己毕生的追求，放弃希望，而是坚持进行实验，最终发明了雷管，推动整个世界往前进了一大步。像诺贝尔这样的科学家并非属于某一个国家，而是属于全人类，因为他造福于全人类。

伟大的发明大王爱迪生，为了找到合适的材料作为灯丝，尝试了1000多种材料，进行了6000多次实验。也就是说，爱迪生是在接受6000多次失败的打击之后，才得到成功，发现了当时最适合当灯丝的材料。如果他在6000多次实验中放弃了希望呢，那么整个人类得到光明的时代都要推迟到来。

看看这些科学家的经历，朋友们，你们是否觉得内心充满了希望、力量和勇气呢？任何情况下，我们都不能变得消沉，而是要怀着越挫越勇的心态面对命运，接受命运的安排，也勇敢地迎接命运的挑战。只要我们心怀希望不放弃，只要我们对待坎坷逆境坦然、坚强，我们就终将超越自我，也将打破命运的囚牢，获得人生的腾飞。

归根结底，磨难和困境不是人生的终结，而是人生的训练场。当我们带着自我提升的心态与磨难和困境博弈，我们会产生越挫越勇的昂扬斗志，我们的人生也必然因此进入更美妙的境界。但是如果我们心怀愁苦，总是沮丧绝望地悲叹命运不公，那么我们的人生必然因此沉沦。所以，到底是从磨难和困境中得到成功，还是被失败纠缠，实际上取决于我们的心态。而正确的心态是什么，相信聪明的朋友们已经有了深刻的领悟。

满怀信念和勇气，战胜困难

在漫长的人生中，每个人都有可能遇到困难，因为一帆风顺的人生是不存在的。就像这个世界上没有绝对完美的人一样，这个世界上也没有从不经历坎坷挫折的人生。为了应对人生，我们的心中应该始终点燃两盏灯，一盏是勇气，一盏是希望。人生就像是在漫无边际的大海上航行，只有在勇气和希望的指引下，我们才能始终牢记人生的方向，也才能成功地奔向人生的目的地。大海上时而风平浪静，时而惊涛骇浪，我们的人生也是时而顺遂如意，时而困难重重。在遭遇困难的时候，我们唯有保持理智和冷静，集中所有的智慧和力量，勇敢地战胜困难，才能最终超越自我，实现突破和飞越。

每一个人心底里都非常渴望成功，但是，通往成功的道路从来不是一帆风顺的。在把人生目标定义为成功的同时，我们也要具有坚韧不拔和顽强不屈的精神。要知道，在我们朝着成功跋涉的过程中，必然会经历很多的荆棘，也会走过漫长而又坎坷的路。然而，命运从来不会青睐任何弱者，更不会因为一个人能力不足，就照顾他获得成功。命运有的时候很残酷，它会故意捉弄一个人，只为了考察这个人在人生的困境中是否能够摆脱出来，成就自己。在验证一个人是当之无愧的强者之后，命运才会给予那个人好运气，也才会更加偏袒那个人。所以我们要想得到命运的青睐，就要不断地自强自立，从而持续成长和成熟。正如一首歌里所唱的，苦难像弹簧，你强它就弱，你弱它就强。如果我们不想成为困难的手下败将，那么我们就要满怀希望，以信心和勇气战胜困难，从而让我们的人生与众不同。

大文豪巴尔扎克曾经说过，对于强者而言，苦难和不幸是人生的晋升之阶。很多时候，我们内心很坚强，但是却不知道自己原本这么坚强。唯有在危急时刻，我们才会惊讶于自己的镇定表现，也会为自己的勇敢感到赞叹不已。所以朋友们，你们远远比自己想象中更加坚强，从现在开始再也不要小看自己，哪怕是再糟糕的情况，你们也能凭借自身的顽强毅力勇敢面对。从这个意义上来说，苦难实际上是人生的试金石，不但帮助我们认识自己，也帮助我们更好地面对人生。

很多人之所以在苦难面前败下阵来，并非因为他们能力不足，而是因为他们自认为无法超越苦难，战胜苦难。这就是我们心中的障碍。每个人心中都有一个囚牢，里面囚禁的不是别人，而是自己。正如一位名人所说的，人最大的敌人就是自己。如果我们想要变得更加强大，最重要的就是打破自己心中的囚牢，从而让自己更加坚决果断地面对一切艰难险阻，遇山开路，遇水造船，如此兵来将挡、水来土掩且破釜沉舟的态度，必然让我们的整个人生都变得不一样了。

朋友们，遇到困难时，不妨把它想象成自己正在接受命运特别安排的考验。唯有渡过这个难关，我们才能得到命运的首肯，进阶生命之梯。当我们不顾一切、勇敢无畏地与苦难搏击，我们会感受到内心焕发出来的强大力量，那是不可遏制的生命之源。我们唯有成为永不屈服的生命强者，才能让苦难对我们俯首称臣，也才能让苦难真正滋养我们的灵魂。

踏过荆棘，成为生活的强者

泰戈尔曾说：“只有经历地狱般的磨炼，才能练出创造天堂的力量；只有带血的手指，才能弹出世间的绝唱。”人生需要磨炼，不经历生活的磨炼，一个人是很难有所作为的。所谓“玉不琢不成器”就是说的这个道理。如果人生的道路布满了荆棘，那正是磨炼坚强意志的好时候。我们要抓住机会，战胜前进道路上的种种困难，成为生活的强者。

居里夫人从小就显示出别的孩子所没有的坚强意志，她面对困难时从不会畏惧，而且不达目的决不罢休。居里夫人在法国上学时，租住的小房子里没有电灯、没有水、没有暖气。为了能取暖，她只能到图书馆去看书，回到住处后，她把冬天的衣服都穿上睡觉还冻得发抖。她常常没有钱吃饭，一连几十天只吃面包。就是在这样的环境里，居里夫人坚持学习了4年，获得了物理和数学双硕士学位。

她与法国物理学家比埃尔·居里结婚后，开始相互扶持，共同向着科学高峰进军。那时，这对夫妇的日子仍然过得十分拮据，为了找到一种能透过不透明物体的射线，他们借了一个废弃的木棚作为实验室，里面既潮湿又黑暗，一到下雨天，外面下大雨里面下小雨。为了减少花费，他们步行很远去买价格便宜的沥青矿渣。靠着几件简陋的实验设备，居里夫妇开始了繁重的实验工作。一身布满灰尘和油渍的衣服就是居里夫人的工作服。她把矿渣倒进大锅里，用一根比她还高的木棍不停地搅拌，还得经常把20多千克重的容器搬来搬去……实验一次又一次的失败，但居里夫人没有放弃。相反，她整整坚持了4年，经过1440多个日夜的奋战，终于提炼出具有极大的放射性镭的化合物——氯化镭。这个成果轰动了全世界。1903年，居里夫妇共同获得了诺贝尔物理奖。

1906年4月19日，对居里夫人来说这是一个让她永生难忘的日子。就在他们夫妇的工作、生活条件有所改善时，比埃尔·居里却突然死于一场车祸。居里夫人从此失去了亲爱的丈夫和最好的导师。她尽管悲痛至极但没有消沉，而是把悲痛化作了力量继续进行物理研究。1910年，居里夫人终于提炼出1克纯镭，她将这1克镭捐献给法国，用于治疗癌症。1911年，居里夫人第二次获得诺贝尔物理奖。

就这样，居里夫人以坚强的意志，克服了许多让常人难以想象的困难，坚持物理研究几十年，发现了放射性元素镭和钋，成为世界最伟大的科学家之一。

生活的困难并没有打垮居里夫人，而是让她在不断地磨炼中越发勇敢。多一份磨砺，就多一份强大，居里夫人就是一位在困境中成功的典范，也是我们每一个人学习的楷模。不要怕困难，也不要怕吃苦，时刻牢记：吃得苦中苦，方为人上人。

伟大的思想家孟子曾说："天将降大任于斯人也，必先苦其心志，劳其筋骨，饿其体肤，空乏其身。"一个人要想有所作为，一定要经过一番艰苦的磨炼，需要耐得住寂寞和孤独。所以，我们在人生中，要用积极的心态去对待磨炼。对于希望成为成功者的人来说，任何逆境，都会造就一粒能量巨大的、能克服任何困难的种子。

挫折与磨砺，让你更强大

对于弱者而言，挫折是一块绊脚石，轻则会把弱者绊倒在地，摔得鼻青脸肿，重则会给予弱者致命的打击，使得弱者一蹶不振，彻底陷入绝望和悲苦之中。相反，对于强者而言，挫折却是一种历练，也是一次升华。在战胜挫折的过程中，强者变得更强，也因为洞察了生命的弱点，可以更加有的放矢地提升和完善自我。

命运有的时候很不公平，有人一生平顺安康，而有人却接二连三遭受打击和磨难，直到身心俱疲，遍体鳞伤。正如海明威笔下的圣地亚哥老人所说的，一个人可以被打倒，但就是不能被打败。所以哪怕挫折对我们造成严重的伤害，使得我们疲劳不已，但是却无法使我们缴械投降。只要我们心中有希望，眼里有勇气，我们就能够迎接挫折的挑战，而且成为永不屈服的强者。当然，命运就像是一浪一浪袭来的海浪，不会总是波峰，也会有低谷。在海浪弱的时候，我们就可以趁势喘息一下，好好呼吸，给自己的身体积蓄力量。真正的弄潮儿会把一个海浪的波谷当成是迎接下一波海浪的最好起点，把握好海浪衔接的节奏和间隙，使自己在与海浪的搏击中取胜。对待挫折也是如此。就像一天之中既有天明也有天黑，一年之中既有寒冬又有春天一样，挫折也会给我们喘息的机会，让我们抓住机会战胜它。因而朋友们，每当挫折来临时，不要因为挫折就感到沮丧万分，对人生完全失去希望。而要坚信只要我们心中闪耀着明灯，我们的人生之路就不会迷惘，我们也终究能够奔向人生的目的地，到达人生胜利的彼岸。

很多人在遭遇人生的挫折时，总是抱怨命运不公，实际上这对于解决问题和改变命运没有任何好处。莎士比亚也曾说，与其质疑机遇，不如质疑自己，唯有更加清晰明确地认识自己，我们才能有的放矢地提升自己。如果你们读过很多名人或者伟人的传记，如果你们曾经无数次研究过其他人成功的规律，你们就会发现所谓的坎坷与挫折，只是成功者扬帆起航的最好起点而已。

有人说，人生如同逆水行舟，不进则退。的确，人生的行舟偶尔也会遇到顺风顺水的时候，但是大多数情况下都是逆水行舟。这就要求我们更加努力，哪怕面对再大的风浪也绝不退缩，哪怕遇到再大的困难也绝不放弃，这样我们的人生才会不停地向前向前，最终进入美好的境界。朋友们，不管人生的风浪有多大，都让我们在心中扬起希望之帆，都让我们不遗余力地奋勇向前吧，因为人生的舵掌握在我们自己的手中，未来全都由我们说了算！

第07章

聪明的人会让自己有价值，让自己变强大

人生代表时间维度，价值代表贡献维度，一件事情是否可以发挥自己的人生价值是需要放到人的一生、一辈子这个时间维度来衡量的。富有智慧的人，善于找到自己的价值，从而让自己变得更强大。

价值，才是你存在的理由

现代社会，人才辈出，也决定了职场上的竞争越来越激烈。在职场上，每个人都削尖了脑袋往上爬，殊不知，一个人在职场上的地位，并非仅仅取决于其能钻营的程度，而是取决于其价值。和几十年前的“大锅饭”不同，现在社会的每一家企业，再也没有所谓的“大锅饭”；每一个岗位，都要实现自身的价值，才有存在的理由。也正因为如此，现代社会的每个岗位都是一个萝卜一个坑，每个人都要最大限度地发挥自己的能力，展示自己的价值，才能如愿以偿地决定自己的地位。

因而，要想在现代职场叱咤风云，不但要选择适合自己的工作，努力提升自己的能力，完善自身，也要学会怎样最大限度地实现自己的价值，为公司做出一定的贡献。所谓存在即合理，这句话并不适用于现代职场。在现代职场上，存在的不一定是合理的，随着不断地优胜劣汰，存在的也有可能被淘汰。归根结底，只有有价值的存在，才是合理的，才能得到他人的认可和尊重。

艾琳大学毕业后就进入现在的这家广告公司工作，由于她特别有创意，而且才思敏捷，很快，她就成为策划部的重点栽培对象。很多时候，公司有了大项目，老总都会亲自钦点艾琳做策划人。

然而，尽管艾琳在工作上表现非常出色，但是在待遇上却始终不上不下，不但职位没有晋升，连一点奖励都没有。原来，艾琳与她的顶头上司——策划部主管玛丽性格不合，彼此都看不上眼。玛丽之所以现在还留着艾琳，无非是想利用艾琳的才华，如若不然，她早就把艾琳从公司里排挤出去了。艾琳对此也心知肚明，不过官大一级压死人，她从未因此与玛丽正面冲突，而是更加努力地工作，暗暗等待机会扬眉吐气。

一次，玛丽亲自做了一个项目，并且在老总面前拍着胸脯保证一周之内就与客户签约。然而，两周的时间都过去了，玛丽始终没有拿下客户。眼看着老总火急火燎的，玛丽也着急了。无奈之下，她只好请艾琳帮她修缮策划案。艾琳对此暗自窃喜，却没有表现出来，而是推脱自己也很忙。直到玛丽低声下气地请求她，艾琳才提出了几个条件：首先，提高自己的薪资待遇；其次，自己要作为项目负责人呈报给老总；最后，作为独立项目负责人，自己能享有很大的自主权利。玛丽当然知道艾琳是在趁火打劫，不过她已经火烧眉毛了，根本无法提出异议，只能答应了艾琳的要求。从此之后，艾琳独自带领团队策划项目，很快就得到了老总的夸赞。后来，老总更是成立了策划二部，让艾琳与玛丽成为平起平坐的同事和竞争对手。

在这个事例中，艾琳在羽翼没有丰满的时候，一直养精蓄锐，等待机会。后来，玛丽遇到难题，不得不向艾琳求助，艾琳正好借此机会将了玛丽一军，也让玛丽知道了她的厉害。对于艾琳，相信玛丽以后一定会敬畏三分，一则是因为艾琳在业务能力上的确出类拔萃，二则也是因为艾琳非常聪明，能够找准时机为自己出口恶气。

人在职场，受到委屈是在所难免的。尤其是能力很强的人，更是因为树大招风，总容易遭到他人的嫉恨。所谓明枪易躲，暗箭难防，在这种情况下遭遇他人的陷害，则很容易受到伤害。假如我们能够更加沉着冷静，就像事例中的艾琳一样避免以卵击石，等到合适的机会才表现自己，可谓聪明机智。

朋友们，在生活中，你们是否也会受到各种不公正的待遇呢？常言道，路遥知马力，日久见人心。任何时候，我们都不要自暴自弃，更不要急于求成。唯有潜下心来努力提升自己各个方面的能力，并且伺机寻找最好的机会，我们才能一鼓作气，证实自己的能力，也为自己赢得最佳的地位。归根结底，现代社会既不看人情和面子，也不会因为任何原因特殊眷顾某个人。我们要想出人头地，得到他人的认可和尊重，就必须最大限度发挥自身的能力，从而帮助自己赢得更高的地位，肩负起更重要的责任。

自我推销，秀出你的能力

曾几何时，人们做生意根本不会四处宣传，而是仗着自己家的产品品质好，因为“酒香不怕巷子深”，等着顾客盈门。然而，随着时代的发展，虽然质量依然是产品能够畅销的硬性指标，但是营销也对产品的销售起到关键作用。酒再好，如果只是藏在巷子里，也会无人问津。好产品，除了有好质量和很高的性价比之外，还必须加大力度宣传，人尽皆知，才能赢得更多人的认可。其实，人才又何尝不是这个道理呢！

一个人才，如果总是躲藏在角落中等待伯乐来发现自己，那么日久天长，忙得不可开交的伯乐一定很难找到这个角落。相反，假如人才主动展示自己，证明自己的优秀，会有更多的机会得到伯乐的赏识。很多职场人士抱怨上司不识人才，殊不知，上司并非不识人才，而是因为你隐藏太深，他根本没有机会认识你。尤其是在大公司里，有那么多的员工，上司怎么可能认识每一位员工呢！不得不说，倘若一个员工工作很久，却始终没有走入上司的视野，那么不是这位员工的自我推销出现了问题，就是这位员工实在能力平平，毫无可圈可点之处。

现代职场竞争激烈，而且大学教育普及，大学生也不再像以前那么吃香了。要想在众多求职者中脱颖而出，就必须更好地表现自己。归根结底，学历还有一纸文凭，能力却是口说无凭。只有切实证实自身的能力，我们才能证明自己的优秀，才能在他人面前得到话语权。总而言之，现代社会一切都靠实力说话，朋友们，你们准备好展现自身的实力了吗？

读大学期间，小连是学校里著名的笑星，每逢有晚会，他都会逗得全校同学哈哈大笑。大学毕业后，小连背井离乡来到遥远的北京打拼，进入一家公司从最基层的工作做起。眼看着到了年底，公司要举办年会，小连突发奇想，决定在这次年会上给大家留下深刻的印象。

在行政文员统计节目名单时，很多和小连一起初入公司的新人都连连推脱，谁也不想出风头，更不想因为自己能力不足而出丑。唯独小连，非但主动报名自己要唱歌，还四处宣扬说到时候有惊喜要呈献给大家。结果，小连在年会上不但表演了歌曲，还表演了好几个滑稽的魔术，弄得坐在台下的老总都问："这个是哪个部门的，不当演员可惜了呀！"在别人的介绍下，老总一下子就记住了小连的名字。不得不说，小连的目的达到了。

正当和小连一起进入公司的新人都对小连的表现不以为然时，小连的机会来了。原来，公司里有一个临时项目，因为去的地方比较艰苦，所以老员工都不愿意去。新员工呢，老总又担心他们吃不了苦。也不知道为何，老总突然想起小连，因而说："就让那个滑稽搞笑的小连去吧，他肯定能行。"就这样，小连被分派到那个遥远而又艰苦的工地工作，因为他生性乐观，居然在一年的时间里圆满完成了这个项目。就如同很多干部在晋升之前要历练镀金一样，小连一年之后完成项目回来，也得到了上司的提拔，成为项目负责人。对于如此神速的晋升，小连很清楚，这都得益于他在去年的年会上不遗余力地推销自己。

虽然小连以在年会上搞笑的方式给大家留下了深刻的印象，看似与工作搭不上关系，但是却让老总知道了他的名字。这样一来，说不定哪一天老总脑海中灵光一闪，就想起了小连呢！事实也的确如此，面对艰巨的项目任务，小连正是因为让老总记住了自己的名字，才会被点名去最艰苦的地方接受锤炼。毋庸置疑，付出总是有回报的，小连在付出之后，也理所当然地得到了丰厚的回报——他进入公司不到两年就成为项目负责人。

在现代社会，作为人才要想尽早出人头地，必须善于推销自己。尤其是要在关键人物面前展示自己的实力，帮助自己赢得一席之地，这样才能尽可能抓住机遇，发展自己，提高自己，最终成就自己。当然，正如我们前文所说的，刚入公司的新人尽管要表现自己，也不能锋芒毕露，否则就会招人嫉恨，反而起到事与愿违的效果。此外，表现自己的时候不要过于急功近利，要自然真诚，这样才能打动人心。

不懈学习，不断提升自己

现代社会，科学技术的迅猛发展形成了信息和知识的爆炸式增长，知识更新的速度加快。也由此带来了深刻的社会变迁，改变了教育和学习的全部意义，人类进入学习化社会，为了适应这种变化，跟上时代的步伐，人们必须坚持不懈地学习、终身学习。

珍妮自从结婚有了孩子后，为了照顾家庭，她就放弃了自己的事业，辞职回到家里专心相夫教子。转眼之间，三年过去了，孩子已经两岁半，珍妮把孩子送到幼儿园，才发现自己的生活多么空虚。

每天，她送完孩子就去超市采购，然后回到家里打扫卫生，除了闲暇时候看看电视剧之外，她就只能做好饭等着丈夫回家享用，根本没有任何兴趣爱好。意识到这一点之后，珍妮产生了危机感，自己还年轻，孩子终究会长大，而丈夫的事业也做得风生水起，自己却没有进步、成长。

珍妮当机立断，针对自己的旅游专业，报名参加了一个培训班，她想转行做管理，毕竟有了孩子之后再也不能带团一走就走半个月了。在孩子刚上幼儿园的这半年时间里，珍妮一边帮助孩子更好地适应幼儿园生活，一边挤出时间来学习。等到孩子的幼儿园生活进入正轨后，她也如愿以偿地找到了新工作。看着珍妮转眼之间摇身一变，从全职主妇变成时尚达人和白领，丈夫不由得对她刮目相看，真心地说："亲爱的，我能够娶到你可真是三生有幸，古人云出得厅堂，入得厨房，说的一定就是你。"由此一来，珍妮不但重新开始了自己的事业，也赢得了丈夫极大的尊重和爱。

在这个事例中，珍妮和很多蓬头垢面的家庭主妇不同，她虽然为了孩子牺牲了自己的事业，但是她并没有放弃学习。尤其是在意识到自己这样会和生活、社会脱节，也会与丈夫之间形成不可弥补的差距后，她马上就开始学习，努力充实自己，也为自己再次融入社会做好准备。所以，珍妮才能得到丈夫真心实意的敬爱，才能为自己的人生赢得更加美好的未来。

现代社会，每个人都需要学习。不管是全职家庭主妇，还是在学校里就读的大学生，抑或是已经有了一份很好工作的人，都必须坚持学习，才能与时俱进。每个人从呱呱坠地开始，就在不断地学习。婴儿要学习走路、吃饭，成人要学习如何更好地生存，从而不断提升和完善自我。总而言之，只有学习，才能让我们跟上时代的脚步，才能帮助我们避免被淘汰的厄运。

也许有很多人都说自己没时间或者没机会学习，然而正如鲁迅先生所说的，时间就像海绵里的水，挤一挤总还是有的。而且，只要我们想学习，总是能够找到机会的。朋友们，就让我们争分夺秒地学习吧，只要我们愿意，一切都还来得及。就算是年纪很大的朋友，也可以活到老学到老。这样，我们的心灵才能更加充实，我们的人生才能扬帆远航。

与时俱进，随时注入新鲜知识

现代社会，知识更新的速度非常快。假如说几十年前的大学生在大学毕业后，在学校中学到的知识能够支撑他在几年甚至十几年的时间里不落伍，那么现在毕业的大学生，在学校中所学的知识能够走入社会用个几年就不错了，甚至有的知识一走出校门，就已经落伍了。因此，我们必须以各种方式坚持学习，才能让自己与时俱进，始终为自己注入新鲜的知识。

一个人要想在现代社会更好地生存，就必须坚持活到老学到老。记得曾经有位学识渊博的学者说，一个人之所以成功，并非因为他曾经掌握了丰富的知识，而是因为他始终保持着良好的学习习惯，能够终身学习。所以朋友们，不管你是高中生，还是大学生，也不管你是本科毕业，还是研究生毕业，甚至是博士毕业，毕业都并不意味着学习的结束，而是意味着你应该以更加积极热情的态度投入学习，边工作边学习，不但能够积累经验，也使得学习更有针对性，效率倍增。曾经有人提议，大学四年的课程连读其实有些浪费，不如读两年或者三年大学，等到参加工作一年后，再回到学校读剩下的一年，这样学习起来必然事半功倍，效果显著。不得不说，这样的提议也许思虑不够周全，但是归根结底还是有道理的。

有的大学生刚刚走入职场，根本不知道天高地厚，以为自己大学毕业就足以胜任很多工作。殊不知，现代职场人才济济，并不缺少大学生，而缺少有能力、有学识、有经验的人才。要知道，这个世界上天资聪颖的人很多，但是，很少有人能只靠天赋就取得成功。大多数人就算天赋很高，也必然要依靠不断学习和努力，提升和完善自我，才能如愿以偿获得成功。所以朋友们，千万不要盲目乐观，空闲的时候与其白白浪费时间，不如争分夺秒地学习，提升自己。所谓技多不压身，多掌握一些生存技能，提升自我，总归是不错的。还有些人因为生存环境过于安逸，始终缺少忧患意识，以为一切都会朝着自己设想和期望的方向发展。殊不知，命运多舛，一帆风顺的人生几乎没有。我们唯有以终身学习为桨，才能驾驭自己的人生之舟再驶向更远。

汉朝时期，当匡衡还只是一个少年的时候，他就表现出刻苦学习的品质。当时，匡衡的家里很穷，匡衡不得不在白天和父母一起下地干活，帮助父母养家糊口。只有等到日落西山时，他才能回到家里看书学习。然而，天色渐晚，他根本看不清楚书上小小的字。有钱人家可以点油灯照明，但是匡衡家没钱买煤油灯，因此天黑之后，匡衡只能白白浪费睡觉之前的大段时间，无法看书，他为此感到心痛不已。

和匡衡家比邻而居的人家很有钱，每到夜晚，邻居家总是点燃很多煤油灯，把房间里照得灯火通明。有一天，匡衡鼓起勇气恳求邻居：“我想晚上读书，能不能在你家的窗户根坐着读书呢。我不会打扰你们的。”不想，邻居嫌贫爱富，根本瞧不起匡衡，因而刻薄地说：“你们穷得叮当响，还看书做什么呀！看书，也不能让你们富裕起来。”听到邻居的嘲笑和挖苦，匡衡很生气，因而更加下定决心要发奋读书，改变命运。

一个偶然的机会，匡衡发现邻居家与自己家共用的墙壁上有个小小的洞，从洞里透射出微弱的光。为此，匡衡灵机一动，赶紧找到一把小尖刀，把洞挖掘得更大一些。从此之后，匡衡就借助于洞里透过来的微弱光线，如饥似渴地读书。渐渐地，家里的书都被他读完了。思来想去，匡衡背起铺盖卷，来到村里的一户藏书很多的大户人家家里。他对这个大户人家的主人说：“我愿意白天免费为您干活，只要您允许我晚上点着煤油灯看您家里的书就行。”看到匡衡如此勤奋好学，主人深受感动，答应了他的请求。就这样，匡衡饱读诗书，学富五车，最终成为大名鼎鼎的学者，还官至汉元帝的丞相。

对于贫苦人家的孩子而言，学习的条件很艰苦，但是他们只有读书，才能彻底改变命运。假如匡衡当时不是这么勤奋好学，坚持在恶劣的环境中学习，他的命运可想而知。

和匡衡相比，我们如今学习的条件简直太好了。不但从幼儿园开始直到读大学，都畅通无阻。而且就算毕业之后走上工作岗位，我们也有很多方式学习，诸如报名参加培训班、公司里的免费培训、网上的学习课程、去各大图书馆读书，还有在线的电子书可以阅读。总而言之，只要我们想学习，我们就可以争分夺秒地学习。

第08章

人生不能负重前行，宽容别人也是宽容自己

人生不能负重前行，宽容别人也就是宽容自己。生活中，多一些对别人的宽容，生命中也就多了一点空间，也会获得更多的关爱和支持，才不会感到寂寞和孤独。心灵的释放，有助于我们更好地获取快乐。

学会放下，为人生减负

在漫长的人生之中，重要的事情有很多，但是并非每件事情都有意义。若我们背负着这些毫无意义的事情一路向前，必然觉得疲惫不堪。聪明的人不会在人生路上负重前行，而会积极地为自己减负。减负的方法就是，放下。

结婚3年来，闫妮和老公的感情一直很好。然而，随着孩子的出生，闫妮与老公的感情却越来越差，他们之间经常争吵。原来，闫妮有了孩子之后，不想放弃工作，想让婆婆过来帮忙带孩子。但是公婆因为要留在家里带大儿子家的两个孩子，所以无法过来帮助闫妮。对此，闫妮意见很大，总是对老公说："你爸妈到底是什么回事？你到底是不是他们亲生的？你要是他们亲生的，他们已经给你哥哥家里带了十几年的孩子，现在也该轮到帮我们带孩子了吧！我看，你爸妈对他的大孙子大孙女，比对你这个儿子要重视多了。"

就这样，每次吵架闫妮都会拿出这番话来指责老公，刚开始时，闫妮老公自觉父母偏心，也不敢反驳，然而随着闫妮说的次数多了，她的老公也会愤愤地说："你想让他们带，就把孩子送回老家去。自己舍不得送，就别说人家不给你带。"由此一来，矛盾升级，闫妮和老公吵得越来越厉害。渐渐地，闫妮发现老公回家越来越晚，不由得着急起来。公婆是否来帮忙带孩子还是小事情，孩子不能连爸爸也没了呀。在咨询心理咨询师之后，闫妮意识到自身存在的问题。在心理咨询师的建议下，闫妮决定再也不提公婆不给带孩子的事，尊重和理解老公。

果不其然，一段时间之后，闫妮和老公和好如初了，闫妮也彻底放下了公婆不给带孩子的委屈和愤恨。

事例中的闫妮假如继续埋怨公婆不给他们带孩子的事情，并且常常以此作为借口和老公吵架，那么日久天长，老公夹在闫妮和自己的父母之间无法自处，必然会因为压抑出现各种问题，婚姻的稳定性也会受到很大的影响。其实，现实生活中的很多夫妻之所以吵架，并非是因为多么重大的事情，而都是些鸡毛蒜皮的小事。尤其是女性朋友，因为心眼比较小，更要有意识地提醒自己放下那些对生活不利的事情，这样才能更好地与丈夫相处，也才能以宽容大度经营好自己的婚姻生活。

人生在世，总是面临各种各样的不愉快。在这种情况下，我们与其牢记这些不愉快，就像闫妮一样时刻提醒身边的人这些不愉快的存在，导致夫妻感情恶化，不如及时放下这些不愉快，这样一来至少能够做到心宽体胖，也可以无忧无虑地面对生活。从这个角度而言，学会放下是一种很重要的本领，能够帮助我们获得幸福和快乐的生活。

以宽仁之心，让怨恨冰消瓦解

如果让你每天都面对着敌人，你能获得快乐吗？答案当然是否定的，你一定会把敌人看作是眼中钉、肉中刺，每时每刻都恨不得对敌人发起攻击。假如敌人真的站在你的面前，能够让你肆无忌惮地与其一较高下倒也还好，因为不论结果如何，都是让人痛快淋漓的。怕只怕，这个敌人并非活生生地站在你的眼前，而是被你的怨恨种在你的心里，这样一来，尽管你每天都面对着心中的敌人，但是却始终抓挠不到对方，只能干着急，这岂不是莫大的折磨吗？

人生在世，每个人都希望自己的一生顺遂如意，也希望自己的人生道路平顺，没有泥泞和坎坷。然而，人生之不如意十之八九，任何时候，我们都难以避免地要面对敌人，面对困境。其实，面对面的敌人是很好对付的，最难的是清除我们心中的敌人。

当敌人在我们心中扎根，就会挥之不去，也会赶走我们心中原本居住着的快乐。要想赶走心中的敌人，我们首先要消除它们生根的土壤——怨恨。当我们心中不再有怨恨，我们心中的敌人也就失去了立足之地。再难的事情，都有可以解决的方法。尽管清除心中的怨恨很难，但是只要我们愿意努力尝试，愿意坚持去做，还是能做到。在鲜花遍野的地方，野草总是无处生长。同样的道理，当我们在心中种下真善美的种子，怨恨也就无处生长。由此可见，消除心中的怨恨，我们首先要做的就是淡化内心的恩怨情仇，以宽和从容、充满友爱的心，面对生活中的一切艰难坎坷和风雨泥泞。正如人们常说的，活着原本就很艰难，我们更应该清除一切的敌人，让自己生活得更加轻松快乐。

乔乔和志鹏是初中同学。后来，乔乔去了师范学校读书，志鹏则升入高中，开始为考大学拼搏。正是在这段时间里，他们突然互相生出了好感，开始恋爱。3年之后，乔乔师范毕业，回到家乡教书，开始自己养活自己。志鹏高考落榜，开始复读，正是花钱的时候。乔乔几乎把自己挣到的所有钱都用来供养志鹏，她自己省吃俭用，却给志鹏花费千把块钱买衣服。在乔乔心目中，她似乎早就已经认定了志鹏，因而对志鹏死心塌地。

让乔乔万万没想到的是，志鹏在考入大学之后，大二那年，居然向她提出了分手的要求。这个时候，乔乔已经不遗余力地供养志鹏读书3年。乔乔想不明白，当即请假去了志鹏的学校。这才发现志鹏和教授的外甥女好上了，教授的外甥女也在那所大学读书，他们的确是郎才女貌。看到他们在一起幸福的样子，乔乔质疑志鹏，却无法挽回自己苦心经营的感情。转眼之间，10年过去了，这期间乔乔也结婚生子，有了自己的家庭。然而，当她有一天无意间在视频网站上看到已经成为某医药公司党支部书记的志鹏发言视频时，心中还是猛地一痛，各种憎恨全都倾泻而出。

后来，乔乔把这件事情告诉了闺密，闺密不以为然地说："你有什么好悔恨的呢！当初，是人家抛弃了你，又不是你抛弃人家，你还后悔！我觉得，你应该遗忘他，难道你没听说过吗，恨也是一种爱，遗忘才是真正地不爱。"闺密的话点醒了乔乔，她意识到自己这么多年来原来一直在心底里恨着、牵挂着。想想现在美好的生活，她决定彻底清除心中的怨恨，真正开始属于自己的生活。

在这个事例中，乔乔因为初恋男友的抛弃，心中始终深埋着仇恨。虽然她也按部就班地结婚生子，但是她从未忘记那个她恨着的人，也因而对于自己现在的生活非常不满意。幸好这个偶然看到的视频让她认清楚自己的内心，也幸亏闺密的一番话，彻底点醒了她。对她而言，只有清除怨恨的土壤，清除那个深深扎根在她心里的人，才能真正翻开生活的新篇章。

在现实生活中，我们遇到的不全是让我们欢喜的人，我们往往因为各种各样的原因与他人为敌。在遭遇困境的时候，在四面楚歌的时候，我们不如学会清除敌人。其实，除了消除心中的怨恨以便彻底消除心中的敌人之外，我们还可以采取各种方式化干戈为玉帛，化敌为友，这对于我们的生活和工作也有莫大的好处。所谓多个敌人多堵墙，多个朋友多条路。当我们清除限制我们的一堵堵墙，让自己的生活中条条大路通罗马，那该是多么畅意的事情啊！

放下包袱，人生不必负重前行

现代社会，很多人抱怨人生过于沉重，而且觉得自己力不从心，无法继续坚持下去。其实，人生的状态是沉重还是轻松，完全取决于我们的内心。虽然我们为了历练自己需要负重前行，但是当我们感到窒息或者因为沉重的负担觉得举步维艰时，我们必须学会给自己减负，让自己在人生路上轻松前行。

如今，我们已经进入新的时代，社会发展迅速，世界变化日新月异。每个人都在追求飞速进步，这样才能不断开阔眼界，搭乘时代的列车，不断向前、向前、再向前。然而，人生并非是高速行驶的列车，人生也不可能如同列车一般飞速向前。就像一首歌的节奏有舒缓和高潮之分，人生也应该把握好合适的节奏，从而才能劳逸结合，松紧适度。

众所周知，一根弦如果绷得太紧，就会断开。人生的弦也是如此，必须张弛有度，不能一味地紧绷。

曾经有个年轻人，觉得心力交瘁，因而去拜访寺庙中的大师，想让大师为他解开心结。大师听了年轻人的诉说后沉默良久才拿出一个背篓交给年轻人，说：“你背着背篓去后山，看到好看的石子，就捡起来放到背篓中。”年轻人虽然不知道大师用意何在，但是领命而去。他一路爬山，沿途看到好看的、漂亮的、独特的石子，就捡起来放入背篓中，才爬到半山腰，他就累得气喘吁吁，觉得背篓无比沉重。好不容易才坚持着爬到山顶，他看到大师已经在那里等他了。他赶紧向大师诉苦，讲述自己的劳累。大师却不以为然地说：“现在你再下山，每下一个台阶，你就扔掉一块小石头。”年轻人困惑不解，不过能扔掉石头总是好的，他赶紧下山，很快背篓中就轻轻如也，他也觉得浑身轻松。到了山下，大师告诉年轻人：“人生恰如登山，背负沉重，自然寸步难行。只有减轻负担，才能解决问题。”年轻人恍然大悟。

人生的过程，恰恰如年轻人登山的过程。原本，登山就是很辛苦的，还要背负着沉重的石头，自然会感到筋疲力尽，寸步难行。倘若我们学会为自己减负，把生活中琐碎的、不值一提的那些事情都抛之脑后，哪怕是大事情，也做到绝不牢记在心，徒给自己增加负担，那么我们的人生就会轻松一些，我们前行的过程就会更加顺利一些。

人心，是这个世界上最坚强的所在，同时也是非常脆弱的。我们必须定期整理人生的行囊，及时清除人生的垃圾，摒弃人生不能承受之重，从而我们才能尽情面对生活，选择让自己快乐幸福的方式生活。不得不说，人生短暂，人生也无常。生命是人生之中最宝贵的，殊不知月有阴晴圆缺，人有旦夕祸福，谁也不能保证自己在活着的时候始终平安无恙。因而要想真正做到内心坦然地面对人生，我们还要摆正心态，端正态度，从而让自己的人生更加从容淡然。能够在人生之中享受云淡风轻的小小幸福和点滴快乐，也是人生之一大幸运。所以朋友们，不管是面对人生的坎坷挫折，还是面对人生的坦途大道，都让我们从现在开始保持从容不迫的心。

此外，很多朋友特别追求获得，殊不知，人生真正能够得到的东西少之又少。很多时候，作为人生过客的我们，除了幸福与快乐的感受，其他的金钱名利和权势，其实都是身外之物。我们必须做到，当回首往事时，不会因为人生的沉重而感到难过，不会因为人生的局促而感到懊悔。我们要更多地回忆起人生中那些无怨无悔的快乐和重要时刻，从而真正充实我们的人生，宁静我们的心灵。

以宽容的心胸面对人生

纵观古今中外，大凡有所成就的人，无一不是心胸宽广、有度量的人。如果说斤斤计较的人心眼比针尖还小，那么心胸开阔的人则宰相肚里能撑船。的确，仇恨是人生的毒瘤，不但使我们仇视他人，也使我们无法原谅和释放自己。一个人如果心怀仇恨，就像是把自己始终囚禁在牢笼中一样，使得自己陷入痛苦、犹豫、纠结、不安之中。人们常用“大肚能容，容天下难容之事；笑口常开，笑天下可笑之人”来形容弥勒佛。弥勒佛的肚子很大，象征他心怀宽容，能够容得下一切烦恼的事情。他总是笑口常开，是因为他宽容豁达，因而心中快乐。

提起忍耐，人们都会说忍字头上一把刀，意思是忍耐并不容易做到，而唯有“海纳百川”，人才能真正做到忍耐。有度量的人，是有大格局且心怀宽广的人。他们不但自身素质很高，而且有良好的道德修养，因而能够在内心产生强大的力量。所以说，有度量的人才会拥有开阔的人生天地，才能最大限度提升自己的人格，使自己变得勇敢无畏。

在南非，曼德拉就像是一面旗帜，始终带领着南非人民坚持不懈地斗争。当年，曼德拉因为率领人民进行反对种族隔离的政策，被捕入狱。在荒无人烟的大西洋罗本岛上，曼德拉度过了漫长的27年。当时，曼德拉已经50多岁了，但是白人统治者丝毫没有对他手下留情，而是像对待身强体壮的年轻犯人一样苛刻、残酷地虐待他。对于这样悲惨的监狱生活，曼德拉依然坚定不移，从未屈服过。

罗本岛非常小，岛上到处怪石嶙峋，还有蛇、海豹等危险动物出没。在集中营里，曼德拉居住在一个铁皮建成的房子里，白天还要工作——砸碎那些坚硬的石头。有的时候，他还需要采石灰，或者是从寒冷彻骨的海水中采摘海带。每天清晨，他都和其他犯人一起排队走到采石场挖石灰。由于曼德拉身份特殊，所以有3个看守一起负责看管他，简直连只苍蝇也无法飞近曼德拉。而且这些看守心肠很坏，总是会想尽办法折磨曼德拉。这27年的时间，可想而知曼德拉是靠着多么坚强的毅力，才勉强熬过去的。

1991年，曼德拉当选总统，在就职典礼上，他做出了一个举世震惊的行为。当总统就职仪式开始之后，他先对各国政要进行礼节性的欢迎和感谢，后来居然感谢当年曾经在集中营里负责看守他的那3个人。为了更好地向大家介绍那3位看守，他特意请他们站起来让在场的每一位嘉宾看到。世界见证了曼德拉的真诚，他的宽容博大让那3位白人看守羞愧不已，也让在场所有人折服。后来，年迈的曼德拉更是站起来，当着全世界的面，毕恭毕敬地对着那些看守鞠躬致意。在那一刻，整个世界都被曼德拉征服了，整个世界都安静了。

曼德拉为何要这么做呢？原来，他年轻的时候脾气急躁，性格暴躁，而他之所以能够在艰难的监狱生活中活下来，正是因为他在漫长的监狱生活中学会了控制自己的情绪，学会了忍耐，学会了以正确的方式处理心中烦躁的情绪。曼德拉告诉身边的朋友，唯有经历痛苦与折磨之后，人们才能学会感恩与宽容。为此，在离开监狱的那一刻，为了让自己真的离开监狱，他决定放弃所有的悲伤绝望和悲痛怨恨。曼德拉做到了，他连人带心地离开监狱，彻底解放了自己。

仇恨是一把双刃剑，既伤害了他人，也更深地伤害了自己。人生在世，活着原本就很艰难，如果再让心中仇恨疯长，活着会变得更难、更痛苦。哪怕在人生中遭遇更多的坎坷和挫折，我们也要学会抹去仇恨，从而坦然面对人生的磨难。要知道，以牙还牙的行为是最低级的人际交往方式，也是处理人际关系问题最糟糕的办法。有的时候我们受到他人的伤害，又不假思索地去伤害他人，正所谓冤冤相报何时了，最终我们与他人之间的仇恨会越来越深，而且报复会不断地循环往复，永远也没有终结的时刻。哪一个聪明的人愿意自己的一生就这样在冤冤相报之中糊里糊涂地流逝呢？相信很多朋友都不会做出愚蠢的选择，但是在现实之中，偏偏很多人无形中就做出了这样的选择，其结果也是使人遗憾的。

现代社会中，也许是因为生活节奏快、工作压力大，很多人心态浮躁，越来越无法从容面对生活中的很多事情。正因为如此，所以在情绪的暴怒中，他们才把那些原本不值一提的小事，变成了后果严重的大事情，最终后悔不已。然而，世界上没有后悔药，与其等到事情发展到不可收拾的地步再懊悔，不如在事情发生之前就学会控制自己的情绪，学会忍耐，这样我们才能做到有容乃大，宽容我们面对的人和事情，也宽容我们自己，最终获得精彩人生。人们常说，一个人拥有多少，取决于他的心能够容纳多少、包容多少。这句话是很有道理的，所谓“海纳百川有容乃大，山高万仞无欲则刚”。我们唯有以开阔的心面对人生，才能拥有天高地远的开阔人生，也才能活出精彩充实的人生。

第09章

绝不得过且过，为自己而活更要认真生活

生活中的我们可能会遇到太多的不如意，心倦怠了便有一种“当一天和尚撞一天钟”的想法，得过且过的生活方式暂时看起来是放松的，然而，人生最重要的是为自己而活，努力且认真地活，你会发现人生往往藏匿着不一样的美好。

你的认真，让人生开挂

在生活之中，认真的人凤毛麟角，不认真的人随处可见，因此平庸的人占多数，平凡而又伟大的人却少之又少。其实，有些事情并没有我们想象中那么难，而我们之所以总是无法把每件事情都做好，就是因为心态出了问题。人们常常容易毛躁的毛病，尤其是面对生活中的诸多事情，不愿沉下心来认真做，以致什么事都干不好。

很多人都会羡慕那些成功人士，甚至有些人觉得那些所谓的成功人士只不过是运气好，在原本很简单的事情上捡到了宝，殊不知那些成功人士的成功之道并不平坦，比如爱迪生之所以能发明电灯，仅就灯丝材料就进行了6000多次实验，更是尝试了1000多种不同的材料作为灯丝，最终才寻找到比较好的材料，由此为全世界的人们都带来了光明。倘若没有爱迪生的这份认真坚定和执着，也许全世界都需要在黑暗之中摸索更多的时间。由此可见，认真非但能把简单的事情做到极致，更能够让我们百折不挠，克服重重困难，最终在艰难的情况下找到曙光。

认真是一种做人做事的态度。认真的人不管面对任何事情，都能做到绝不懈怠，哪怕只是简单的小事情，他们也能够做到一丝不苟，做到极致。因为长期以来形成的认真习惯，使得他们的目光越来越敏锐，也拥有更多的方法去解决问题。认真也是为人处世的智慧。大凡认真之人必然知道做事不能半途而废的道理，因而也知道自己无论做什么事，都离不开认真。人们常说凡事都怕认真，其实也是因为意识到认真蕴含着巨大的能量。唯有在认真的情况下，我们才能更加坚定执着地面对未来，才能坦然自若地面对人生。从这个意义上来说，认真的态度是每个人获得成功的筹码，一个三心二意的人是很难获得成功的，例如在学习上，那些得过且过、粗心大意的人也很难获得好成绩。由此可见，不管是对于学习还是工作，抑或者是对待日常生活，我们都应该认真严谨，绝不懈怠。

认真地付出一定会有收获，这一点毋庸置疑，因而真正明智的人从来不会企图让自己的认真打折，而是非常慎重地对待人生中遇到的每一个人每一件事。曾经，有个年轻人问著名画家门采尔为何自己画一幅画只需要一天时间，但是卖出去一幅画却需要一年的时间。门采尔建议他，倘若能花费一年的时间完成一幅作品，那么也许卖出去只需要一天。由此充分说明，当我们三心二意地做事，最终的结果也很难尽如人意，相反，当我们认真对待人和事，我们的收获也会超出所望。记住，你的认真也许就是你通往成功的路，你的认真也许会改变世界。

把握好今天，让自己更真实

人在一生中往往会面临很多犹豫和纠结的处境，在这样的情况下，倘若总是瞻前顾后，必然会导致错失良机。在人生的漫长旅途中，我们必须学会取舍，也要学会坦然面对人生，才能避免进退两难的局面。很多人总是为了已经过去的事情耿耿于怀，又因为对未来的担忧，导致根本无法过好当下的每一天。这样一来，他们既失去了过去，也错过了当下，更没有把握面对未来，人生简直成为一个巨大的矛盾，让他们的心永不安宁，无处安放。

其实，对于任何人而言，人生都是由今天组成的。昨日，是逝去的今日；明日，是还没有到来的今日。既然如此，我们为何要为昨日懊恼，又为明日烦忧呢！其实，只要我们从现在开始过好每一个今日，那么昨日就不会再空留遗憾，明日也会因为有了今日的坚实基础，变得更加美好。如此一来，我们也能够摆脱过分忧虑导致的焦躁不安，从而更加全心全意地过好每一个今日，使人生陷入良性循环之中，不再徘徊彷徨。

实际上，很多人的担忧都是杞人忧天，他们明明知道事情没什么可怕的，却总是忍不住要担忧。他们也很清楚昨日之事已经成为历史，而历史是无法改变的，却依然陷入懊恼之中无法自拔，让无尽的悔恨折磨自己的内心，这是庸人自扰。人生在世，几乎每个人都会遭遇各种各样的坎坷和挫折，也会因此使得人生不得不面对更多的遗憾。很多时候，我们的犹豫纠结恰恰是因为对遗憾的不能释怀，倘若我们能够放开心胸，帮助自己深思清明，也许就不会纠结这些已经过去的事情。由此可见，人生的那道坎其实就在我们的心中。

菁菁家里购买的新房马上要交房了，因而菁菁和老公林强借着周末的机会，一起去考察了几家装修公司。来到最后一家装修公司时，林强和业务员以及设计师都相谈甚欢，彼此还是老乡呢，为此林强决定就与这家公司签约。原本菁菁有些犹豫，但看到林强坚定不移的样子，也同意了。然而，自从在合同上签完字之后，菁菁就后悔了。她懊恼地问林强："咱们是不是应该多看几家装修公司啊，而且咱们是不是决定得太仓促了？我听人家说装修里面的猫腻可大了，假如咱们被骗了怎么办呢？要是到时候装修效果不好，又怎么办呢！"面对菁菁一系列的疑问和质疑，林强只好说："假如你觉得不放心，反正才交了1000元的定金，其他的明天才补呢，也可以反悔，顶多损失1000元钱。"听了林强的话，菁菁又为难地说："凭什么咱们出来一趟溜一圈就扔1000元钱啊！我觉得这家其实还可以，因为之前看到业务员在朋友圈发了很多装修效果图，都是很不错的。”林强看到菁菁犹豫纠结的样子，说：“别想啦，就这家吧，不会差到哪里去的。等到装修好了验收的时候，有不满意的再说。”

因为装修问题，菁菁患得患失，最终惹得老公不耐烦，让她丢掉定金，终止合作。然而菁菁又觉得这家装修公司还不错，所以又继续犹豫纠结起来。其实，人可以在做决定之前进行周密的思考，然而一旦决定，再患得患失，就只会让自己痛苦。很多朋友都有这样的体验，即在选择之前是最艰难的，只有等到选择之后，一切都尘埃落定，心才能彻底放下来。由此一来，自己也仿佛获得了解脱一般，变得轻松无比。

其实，对于任何人而言，都无法改变已经过去的昨天，更无法控制尚未到来的明天，真正被我们握在手中的，就是当时当刻的今天。我们唯有把握好今天，才能更好地面对未来的挑战，也才能以坦然的心境面对人生。

自制是最强大的力量和财富

自制力是一个人约束自己的能力。它能帮助人们控制、调节自己的行为和情绪，激励自己去做合理的事情，抑制不合理的情绪和行为等。自制是一种集忍耐、坚毅、勇敢和智慧为一体的良好品格，卒然临之而不惊，无故加之而不怒，任狂风还是暴雨，我自岿然不动。有良好的自制力，是一个人成功的必要条件。

李丽今年已经上初三了，面临升学的压力，可以说是时间紧迫，学习非常紧张。可是每天做功课时，李丽都管不住自己。刚开始时她还能认认真真地做，但没过半小时，她就坐不住了。李丽自己也觉得很苦恼，她想管住自己却做不到，好像总有一种无形的力量支配她放弃学习。

其实李丽的行为就是一种自制力较差的表现。可是，她的这种较差的自制力是怎样形成的呢？原来，李丽是家中的独生女，父母把全部希望都寄托在她的身上，从很小开始，父母就对李丽进行了早期教育。先是弹琴，后是画画、念英语、学算术。李丽学习的时候很用功，爸爸妈妈都十分高兴。看着女儿这样辛苦，妈妈很心疼，在李丽学习的时候经常会送来零食什么的。小孩子禁不住诱惑，时间长了，就养成了习惯，没有零食就不能把事做下去。因此，李丽专心做事的时间不能持久，并且总是坐不住，注意力不集中，不能安心学习。长时间下来，李丽的成绩总是不理想，每当考试成绩出来时，李丽看到自己那可怜的成绩都很伤心，有时甚至会大哭一场，暗下决心一定要认真学习，但几天之后，就又控制不了自己了。

其实，很多人在上学的时候经常遇到这种问题，自制力的严重缺乏导致自己心里乱糟糟的，不能集中注意力专心学习，长时间下来学习成绩无法提高。古希腊数学家毕达哥拉斯说过：“自制是世界上最强大的力量和财富。”要想在自己从事的工作中有所成就，就必须培养自己的自制力，如果你无法专心投入进去，那么不管你做什么事情都只会是草草了事，什么也做不好。很多事实也证明了较强的自制力是成功的重要保证。

自制力是一种能够控制自己的情绪、支配自己的行动的能力。自制力是培养气场的一个支撑点，寻找到这个支撑点，气场就会提升到一个新的水平。能够自我控制的人才能获得真正的自由和成功。要坚定自己的信念，不被任何外来力量所左右，循着既定的目标，历练自己的自制力，相信你会更快地走上成功的道路。

你的努力是对自己人生负责

传说从前在五台山有一种奇特的小鸟，名叫寒号虫。寒号虫有4只脚，两只肉翅，不会飞行。盛夏季节是寒号虫最快乐的日子，它全身长着丰满的羽毛，鲜艳夺目，百鸟十分惊羡。这时，寒号虫得意扬扬，整天走来走去，到处找别的鸟比美。它一边走一边唱道："凤凰不如我！凤凰不如我！"

夏去秋来，有些鸟飞向遥远的南方过冬；留下的鸟整天辛勤劳碌，积粮造窝，准备过冬。只有寒号虫仍然游游逛逛，到处炫耀它那身五光十色的羽毛。

秋去冬来，寒风呼啸，雪花飘舞。别的鸟在秋季都换上了一身又厚又密的羽毛，迎接寒冬的到来；而寒号虫却与众不同，到了冬天，它那身漂亮的羽毛脱得光光的，一根毛也没剩下，就好像还没有长毛的鸟崽。夜晚，全身光秃秃的寒号虫，躲藏在石缝里，凛冽的寒风不断袭来，冻得它浑身直打哆嗦。它不断地咕噜道："好冷啊，好冷啊，明天就做窝，明天就做窝。”可是，当寒夜过去，太阳从东方升起，温暖的阳光照耀大地，这时，寒号虫却忘记了昨夜的寒冷，忘记了要做窝的决心，它又说道：“得过且过！得过且过！”

寒号虫始终也没有做窝，就这样一天天地混日子，最后彻底冻死在五台山的岩石缝里。

成语“得过且过”即由此而来，意思是过一天算一天，不做长远打算。现在也指工作、学习中只求过得去即可。有些人容易受到外界的迷惑，不能始终坚持，一味地贪图享乐，他们不奋力前进，最后只能蹉跎一生，一事无成。

有一条偷奸耍滑的狼，每次跟着狼群去抓捕猎物的时候，它都不会全力以赴。而只会虚张声势地比画几下子，有好几次猎物的逃脱都与它的配合不到位有很大的关系。

事后，头狼组织狼群一起总结捕杀猎物的经验教训，它也不认真听。别的狼刻苦训练、挑战自己的极限时，它却优哉游哉地到处晃悠。它分明就是在混日子。

渐渐地，头狼和许多其他的狼都看出这条狼懒惰而又自以为很聪明的本质了，纷纷地疏远它。

但是这条狼却不知悔改，相反，它认为，反正事已至此，也只有得过且过，混完一天是一天了。它不愿意痛苦地磨炼自己，也不愿意为了提升捕获猎物的能力而一次次地挑战自己奔跑的极限。

头狼见它丝毫没有悔改之意，于是就毅然决然把它赶出狼群了。没过多久，这条狼就被饿死了。

这匹狼很明显的就是在混日子，根本不懂得学习提升自己的本领，熬一天算一天，这样的心态饿死也是情理之中的事情。生活中不也有很多类似的人吗？他们无论是对待工作还是生活，没有丝毫的上进心，别人在追求梦想的路上不断打拼，而他们却在悠闲自在地混日子混工资，慢慢地简直就成了一个颓废的人。实际上，凡是有“得过且过”心态的人，无不是给自己立了一堵墙，并陶然忘我地在围墙之内沉醉。殊不知，这俨然是在耗费生命。

你的努力是对自己人生的负责，你对生活的热忱是对生命的敬重，在这个方面美国著名人寿保险推销员乔治就创造出一个个伟大的奇迹。

最初，乔治是一名职业棒球运动员，后来被球队开除了，因为他动作无力，没有激情。球队经理对乔治说：“你这样对职业没有热忱，不配做一名职业棒球运动员。无论你到哪里做任何事情，若不能打起精神来，你永远都不可能有出路。这次惨痛的经历给了乔治沉重的打击，所幸他并未意志消沉。朋友又给乔治介绍了一个新的球队。

在进入新球队的第一天，乔治做出了一个惊人的决定：他决定做美国最有热情的职业棒球运动员。从此以后，球场上的乔治就像装了马达一样，强力地击高球，把接球人的手臂都震麻了。

有一次，乔治像坦克一样高速冲入三垒，对方的三垒手被乔治强大的气势给镇住了，竟然忘了去接球，乔治赢得了胜利。热忱给乔治带来了意想不到的结果，不仅将他出色的球技发挥得淋漓尽致，还感染了其他队员，使整个球队变得激情四溢。

最终，球队取得了前所未有的佳绩。当地的报纸对乔治大加赞赏：那位新加入进来的球员，无疑是一个霹雳球手，全队的人受到他的影响都充满了活力，他们不但赢了，这场比赛也成为本赛季最精彩的一场比赛。由于对工作和球队的热忱，乔治的薪水由刚入队的500美元提高到约4000美元。在以后的几年里，凭着这一股热情，乔治的薪水又增加了约50倍。

后来由于腿部受伤，乔治离开了心爱的棒球队，到一家著名的人寿保险公司当保险助理，但整整一年都没有业绩。乔治又迸发了像当年打棒球一样的工作热忱。很快就成了人寿保险界的推销明星。后来他一直从事这个职业，取得了非常优秀的成绩。

乔治在回顾他的职业生涯时深有感触地说："我从事推销30年了，见过许多人，由于对工作保持着热忱的态度，他们的收效成倍地增加；我也见过另一些人，由于缺乏热忱而走投无路。我深信热忱的态度是成功推销的最重要因素。"

得过且过、满足于现状的人，永远只会活在自我的窄小的圈子中，看不到希望的曙光，很难有出头之日。对于成功的人来说，他们都有着远大的目标，有着前进的动力，有着不断挑战自我的决心。他们不畏惧困难，不得过且过，没有混日子的心态，这是一种责任意识，也是一种生活态度，所以成功不属于他们属于谁呢？他们不会因为一时的成功而扬扬自得、不思进取，始终认为"下一刻的自己才是最好的"，从而激发他们不断追求更高目标的欲望，到达最终的成功。

第10章

不当好好先生，为自己勇敢说“不”

有的人性子看起来总一团和气、与世无争，不问是非曲直、只求相安无事，他总是给人一种“好好先生”的印象，和谁关系都好，谁让他帮忙，他总是满口答应，从来不得罪人。虽然这样，他也不一定有好有缘，却总因不善拒绝，让自己活得很累。

学会拒绝，别沦落为免费劳动力

现代社会，人们越来越重视人际关系。正如古人所说，天时地利人和。要想获得成功，我们除了自身要有能力有胆识之外，朋友和合作伙伴的帮助，也是必不可少的。看看现在的图书市场，关于如何与同事相处、如何拥有好人缘的图书比比皆是，这充分说明人际关系已经被提升到前所未有的高度。众所周知，人和人之间的相处，首先要以真诚为基本原则。除此之外，还要宽容、友善、乐于助人等。这些要素很多，全都做到很难，只要能做到其中几条，你的人缘就不会太差。然而，生活中还有这样一类人，他们几乎做到了所有拥有好人缘该做的事情，也竭尽所能地帮助别人，但却总是出力不讨好。这到底是为什么呢？究其原因，是因为他们不懂得拒绝。没错，善于拒绝也是拥有好人缘的必备条件之一。

生活中有很多好好先生，对于别人的一切要求，只要能做到的，他们都会毫不犹豫地答应下来。有的时候，即使自己做不到的，他们也会不假思索地做出承诺。由此一来，就凸显了一个问题：经常有求必应地帮助别人，一旦有一次不能帮助，别人还会感激你吗？毫不迟疑地答应别人的请求，如果最终你没有兑现承诺，别人即使知道当初是强人所难，也难免会因为你没有做到心生不悦。正是这两个方面的原因，导致生活和工作中的很多好好先生，虽然付出了很多时间和精力帮助他人，最终却落得埋怨。

在办公室里，马波是出了名的好好先生。这不，马上到下班的点儿，同事们纷纷向他求助：“马波，我着急去幼儿园接孩子，你帮我把剩下的表格做完吧！”“马波，我朋友结婚，得早点儿走，你能帮我等到7点钟接待一个客户吗？”“马波，我丈母娘来了，我要去车站接她，你帮我把这个文件整理一下吧！”……这几乎是每天下班的时候都会发生的情形，同事们总是因为各种各样的原因让马波帮忙。对此，马波总是一味隐忍，即使自己的分内工作还没做完，也会把各种帮忙的请求应承下来。不过，今天他实在是没法帮大家的忙，因为他昨天下班的时候四处帮忙，导致工作积压，自己的工作就要忙到晚上九十点钟才能做完。因此，他只得挨个同事面前打退堂鼓：“不好意思，我的工作太多了，实在做不完，老板等着要。”迎接他的是一张张苦瓜脸。为什么平日里能帮，现在就不能帮呢？大家都想不通这个道理。因此，他们非但没有感谢马波平日里慷慨帮忙，反而都抱怨马波今天不帮忙。

对此，马波苦恼极了，他可不想得罪人。为了改变这种状况，马波特意向一个朋友求助。朋友说：“你呀，就是好好先生。你只需要做好自己的分内工作就行，对于其他同事，帮是情分，不帮是本分。就是因为你平日里总是好说话，帮所有人完成工作，所以现在才这么被动，不帮倒成不是了。你听我的，再有人找你帮忙，你就严词拒绝，改变你好好先生的形象。”果然，在接下来的几个月中，马波一律拒绝同事们的帮忙请求，专心致志地做好自己的本职工作。结果，他不但工作上有了出色的表现，还得到了同事们的认可。偶尔有一次需要帮忙的时候，同事们都会好言好语地央求马波，等到马波答应帮忙，又会千恩万谢，再也不会因为马波没时间帮忙而生气了。

好好先生当久了，明明是义务帮忙，大家也会觉得理所当然。事例中的马波就是这样的情况，如果不是朋友帮他出主意，他继续当好好先生，一定会因为有的时候不能帮忙，把所有同事都得罪光。人总是有这种心理，对于得来不易的东西万分珍惜，对于轻而易举就得到的东西却觉得理所当然。在职场上，为了让别人重视你的存在与付出，一定不要当好好先生，有求必应。否则，大家就会觉得你的付出和帮忙都是理所当然，也就不会拿你的付出和帮忙当回事。如此一来，你虽然没少出力，没少搭上宝贵的时间，但是大家都不会感谢你。这就像是父母对孩子，如果照顾得太周到，孩子就会觉得父母理所应当照顾自己。只有让孩子感受到父母的艰辛，他才会理解父母的苦心付出。

实际上，在所有人际关系当中，都不能一味忍让和退步。我们必须坚持自己的原则，才能得到别人的重视。尤其是在职场上，谁都愿意为自己找一个免费的劳动力使唤。只有学会拒绝，你才能避免沦为免费劳动力，才能得到别人真心的感谢。

勇敢说“不”，别让不好意思害了你

在日常工作和生活中，我们经常会遇到这些烦恼的事：一个品行有问题的熟人缠住你，非要你借钱给他不可，但你知道，如果借给他就等于有去无回；一个正在做微商的同事向你推销东西，明知这些产品对你而言没什么价值，但就是无法拒绝；有的至亲好友，从不轻易开口求人，万不得已，偶尔求你一次，若拒绝他们，轻则失望、伤心，重则与你绝交；有的患难之友，曾经在你困难时给予帮助，如今有求于你，你心有余而力不足，但他不相信，指责你忘恩负义……这时，你应该怎么办呢？你最应该明白的是，自己并不是全能的人，也没有“呼风唤雨”的本事，那么应该拒绝的还是要拒绝，假如不好意思当场说“不”，轻易承诺了自己不愿、不应、不必履行的职责，事办不成，以后更不好意思见人。

在人际交往中，没有勇气说“不”，你就会活得很被动。所以，当你不愿意时，就要勇敢地说“不”。但是，说“不”也是需要技巧的。

假如没有技巧，很容易就破坏了彼此的和谐关系。

拒绝的话难说，要把拒绝的话说得好，更不容易。每个人都有自尊心，当向他人求助时，或多或少都会有不安的心理。如果对于他人的求助，一上来就说“不”，势必会伤害他人自尊心，引起他人反感甚至愤恨，从而影响双方今后的交往。所以，当对方向你提出请求时，最好先向对方说一些关心或者同情的话，然后再试图说明自己无能为力的原因，这样既可以赢得对方的理解，使其知难而退，又不伤害对方的自尊心。

拒绝别人请求可以采取以下方法。

1.提供其他的解决方法

当自己对别人的请求力不从心或确实很为难的时候，你可以为他介绍几种解决问题的方法，给他提供一些参考和选择。如果你介绍的方式方法依然对他毫无作用，相信你的朋友也不会责怪你，毕竟你已经尽力帮他出谋划策了。当然，如果因此而成功了，你自然会成为他感激的对象。

2.找个借口拒绝

有些事不好直接推辞时，借故说自己要去做事走掉，也是一种推托的办法。只要对方足够聪明，肯定会明白你的意思。

3.快速转移话题

对待他人的请求不一定非得要用“是”和“不是”来回答，把问题本身放置一边就是拒绝的最好代名词。如果对方说：“我们明天再到这个地方来游玩吧!”“哦！我觉得时间很紧，我们该回去了吧!”你的答非所问至少会让对方觉得你对这个提议很不感兴趣，一听就知道你不愿意答应他的要求。

4.故意回避

对于一些实在很难开口的拒绝，我们除了可以采取借故推辞、转移话题等方法之外，还可以运用故意回避或曲解的方式向对方表示拒绝。这种拒绝方式特别适用于爱玩“花招”的人，可以使其有苦难言。

委婉拒绝，维护对方自尊心

其实，中国人受传统思想影响，在说话时大多时候是含蓄的、委婉的，即便是在拒绝别人的时候。拒绝是一门艺术，既能巧妙达到拒绝的目的，又不至于让对方心里产生不快的情绪，这才是高明的拒绝。通常而言，太过直白的拒绝往往是伤害人的，不仅严重打击对方的自尊心，而且还会令对方心生怨恨。

拒绝的最高境界是让你和对方都不至于陷入尴尬的境地。朋友以张大千的胡子开玩笑，甚至有些过分，张大千想制止对方，可是如果轻描淡写地说，恐怕对方会不以为然；声色俱厉，又会伤了朋友之间的和气。于是张大千说了一个关于胡子的故事，通过故事旁敲侧击，委婉地告诉对方，你们拿我的胡子开玩笑，我已经忍了很长时间了，再这样下去，我可就不高兴了。意思传达了，大家自然知趣，不再提这个话题了。

委婉拒绝他人可采用以下方法。

1.换个说法

我们不建议用直接的拒绝方式。例如，这两种拒绝方式：“我不吃日本料理”“附近还有其他特色餐厅吗？我不太习惯吃日本料理”。前一句更像是一根刺插进对方心里，典型的以自我为中心践踏了别人的一番好意；而后一句则委婉地表达了自己的想法，别人会更容易接受。

2.态度委婉而坚定

当我们在说“不”的时候，态度必须是委婉而又坚定的。委婉地拒绝比直接说“不”更容易让人接受。例如，当同事提出的要求不合公司部门规定的时候，你可以委婉地告诉对方你的权限，自己真的是爱莫能助，如果耽误了工作，会对公司与自己产生影响。

3.艺术性地拒绝

在日常生活中，我们需要在拒绝时说“不会让对方伤心的拒绝话语”，艺术的拒绝方式让对方感受不到一点伤害，反而会理解你的处境。

总之，当别人对你有所求而你却办不到的时候，你不得不说“不”，当然，拒绝并不是以伤害他人为目的，而是以和为贵，尽可能在不影响两人关系的前提之下进行。虽然拒绝是很难堪的，但在不得已的时候还是会用到拒绝，事实上，只要你能够很好地运用拒绝的艺术，它最终带来的并不是尴尬而是和气。

适当放松，接受他人的帮忙

有的人似乎天生是操心的命，他们无时无刻不在担心这、担心那，好像一刻也不能放松，于是，他们整颗心都是紧绷着的。在生活中，无论是大事还是小事，他们都不放心别人去做，而是亲力亲为。他们永远在考虑自己要做什么、做到什么样的程度，很少看到有人伸出援助之手。究其原因，并不是其他人不愿意帮忙，而是他们拒绝别人帮忙。对此，特地提醒那些太过于自我的人，不要太操心，很多人和事都无须你亲力亲为。

如果在日常工作中，我们并不是一个普通员工，而是领导者。在这样的情况下，还保持着凡事亲力亲为的习惯，那下属到底要干什么呢？假如我们真的站在领导者的位置，需要给下属更多的展现机会，这既可以有效地锻炼下属的工作能力，而且还能够凸显领导者的威严。一个领导者若凡事都亲力亲为，那他的工作量将相当繁重，并且下属只会议论“领导根本不相信我们，什么事情也不交给我们去做”，如此一来，不仅累了自己，还将别人展现自我的机会剥夺了。对此，我们要想潇洒一些，轻松一些，就不要去操心那些不属于自己范围内的事，有些事情大可以交给别人去做，我们只需要适当指导，等待结果就行了。

王姐从小就有个习惯，对于有关自己的事情，她一定要自己去做，她不放心任何人去做。在她年纪尚小的时候，有一次，她背着厚重的东西回家，身边的朋友好心建议说：“让我帮你背一程吧。”结果她也拒绝了，理由是怕对方将她的东西掉在地上了，朋友听到这个理由非常吃惊。

长大后，王姐的这个习惯日益加重。高中毕业后，王姐就在一家蛋糕店当了收银员，平时没事就守在柜台边，不让任何人接近自己的工作位置。店长吩咐：“你有时间的时候，教教店里的导购如何收银。”结果，王姐也经常将这样的吩咐忘记，她从来不放心把自己的工作交给别人去干。就因为这样的习惯，她在店里的人缘相当不好，但她工作倒是很负责任，工作了几年之后，她升职当了店长，这样她更忙了。早上，她是第一个到店里，晚上她是最晚离开，因为她不放心任何一个店员，她需要亲自收货、摆货、收银，虽然这样一来，自己算是放心了，但长此以往，王姐真是疲累不堪。但她若是想到不去店里，让店员们去做，她的心就更累。

没过多久，王姐终于累倒了，躺在医院里，她所担心的还是蛋糕店：“今天货到齐了吗？”“货物摆放得整齐吗？”坐在床边的老公忍不住说：“你总是这样，凡事亲力亲为，你以为自己多伟大，但其实是抹杀了店员们表现自我的机会，今天早上我路过蛋糕店，发现没有你，他们依然将事情做得很好，有条不紊，你就不用操心了，你现在是店长了，很多事情完全可以交给别人去做。如果你总是操心，那你永远有操不完的心，你自己也会身心俱疲。”

案例中，王姐虽然升职成为店长，但她对店里的很多事情总是亲自去做，结果病倒在床上，她的累不仅在身体上，而且来自心理。因为太过操心，她几乎每时每刻都在想还有什么事情没做好，她就好像一个陀螺一样，不停地转，直至最后无力地摔倒在地上。其实，她完全没必要这样累，放手将一些事情交给别人去打理，不仅轻松了自己，而且给予了他人展现自我的机会。

1.不要以自我为中心

凡事都亲力亲为，这是一种负责任的态度，但若是太过亲力亲为，那就是有点以自我为中心了。通常情况下，那些习惯凡事亲力亲为的人，大多只相信自己，不太相信别人，因此，哪怕是一件小事情，他们也不愿意交给别人去做，而是尽量亲自去操办。这样的一种心理所造成的显著的结果就是——身心疲惫。

2.学会把一些事情和压力分担出去

生活中，一个人操心太多就会身心疲惫；反之，如果将别人能做的事情交给别人去做，自己只是观看或指导，这样就会轻松很多。当然，要想培养这样的习惯，首先应该学会信任别人，以及放松自己。你只有足够地信任别人，才能放心地将事情交给对方；你只有放松了自己，才不会那么执着地想要自己亲自去做。所以，不要太过操心，将某些事交给别人去办，这样自己才能轻松起来。

第11章

放下无用的执念，让人生快乐前行

人总容易在失去和获得之间纠结，他们不仅考量这件事对自己是否有利，而且还考量过去是否在这件事上有太多的投入。执念会让一个人陷入旋涡，找不到前进的方向。人应该放下无用的执念，让人生快乐前行。

放下心中执念，浅笑安然

生活中，我们总喜欢那些爱笑的人。尤其是在面对纯真的婴儿时，当我们看到他们的脸上挂着纯真的微笑，我们的心都要被融化了。这就是微笑的魔力。它能够瞬间消除人与人之间的陌生感和距离感，帮助我们成功征服他人的心。遗憾的是，有很多人都不喜欢笑，这也直接导致我们常常看到有些人愁眉苦脸，似乎别人欠了他们很多钱没有还一样。殊不知，他们的愁眉苦脸也感染了命运，使得命运不再善待和青睐他们，而是给予他们同样阴郁的脸色。这样的结果，显然不是任何人想要看到的。

你知道你的烦恼、忧愁和焦虑都来自哪里吗？也许你误以为它们来自外界，是因为生活的不如意。实际上，有很多人的命运比你更加悲惨，但是他们却活得乐观开朗，从未因为厄运到来而让自己愁眉苦脸。难道他们不担心吗？答案当然是肯定的，他们也很担心命运无常，他们也为未来的人生没有着落感到痛苦。但是他们依然笑对生活，因为他们很清楚痛苦、忧愁和烦恼对于糟糕的事情毫无用处，只会使事情变得越来越糟糕。我们必须知道，那些所谓成功、伟大的人，他们的命运和我们一样，甚至比我们更糟糕，而他们之所以能够获得成功，就是因为他们的心底有微笑绽放。

前文说过，我们要为自己的人生制订明确的目标，并且将其分解成一个个小目标。需要注意的是，达成这些目标当然会使我们喜出望外，但是假如我们最终没有实现这些目标，难道就要自暴自弃吗？人们总是把与时俱进挂在嘴边，真正能够做到与时俱进的人却少之又少。实际上，我们的目标也应该顺应形势，不停地改变，唯有如此，我们的人生才能变得更加从容。

1929年，贝克因为巨大的压力，患了胃溃疡。一天晚上，他突发胃出血，被家人紧急送往医院进行抢救。那段时间，贝克的体重急剧下降。在给贝克治疗的过程中，有位非常权威的医生甚至宣布贝克已经无药可救了。在医生的强烈建议下，贝克停止正常进食，而是每隔一个小时就吃一大汤勺半流质的食物。每天清晨和傍晚，贝克还被插入胃管，清理胃里残留的食物。这样痛苦治疗的过程持续了好几个月。

贝克痛定思痛，暗暗想道：既然我已经快要死了，还不如利用死前的这段时间，去做自己想做的事情呢！贝克这么想完之后，豁然开朗，决定要去进行梦寐以求的环球旅行。虽然医生不建议他离开医院，但是他承诺自己会每天清洗胃部两次。最终，贝克说服了医生和家人同意他去旅行。临行前，贝克还为自己准备了一口棺材随船而行，并且把自己的身后事都安排给家人。出乎他的预料，当他踏上轮船，开始航程时，他觉得自己的情况变得好多了。在船上，他每一天都生活得无忧无虑，他和同船的人们一起唱歌、跳舞、聊天，还与他们一起欣赏海面上壮观的景色。随着3个月的行程结束，贝克居然重新恢复到原来的体重，而且经过医生的诊断，他的胃溃疡也已经神奇地痊愈了。

在诸多疾病中，胃溃疡受情绪影响最大。尤其是对于郁郁寡欢的人而言，胃溃疡是最容易缠身的恶病。巨大的压力，忧郁的心情，都会影响我们至关重要的消化器官——胃。因此，我们必须调整好自己的心情，才能避免像贝克一样被胃溃疡折磨得不成人形。不过，贝克胃溃疡痊愈的过程也很神奇。从心理学的角度而言，贝克已经安排了自己的身后事，因而彻底做到毫无忧虑地踏上人生的最后旅程。恰恰是因为他这种无牵无挂、无忧无虑的状态，才能以好心情养好他的胃。所以朋友们，从贝克身上我们不难得到经验：要想拥有健康的身体，就要拥有好心情，就要放下那些自寻而来的烦恼，让自己的人生更加幸福快乐。

我们所看到的一切，都是我们内心的折射。现实生活中，有些癌症病人的疾病不治而愈，也与他们积极乐观的精神有着密切联系。他们的心里盛开着微笑之花，所以他们的人生才能如花般绽放。假如他们的心里充斥着忧愁苦闷，他们的人生怎么可能幸福快乐呢！朋友们，别再固执地保持严肃认真、郁郁寡欢的表情啦。笑一笑，十年少。当你真正成为少年，你也就拥有了自己人生中最美好的一切。

保持淡然心态，随遇而安

尽管我们无数次把淡然面对生活挂在嘴边，但是很少有人能够真正做到。众所周知，生活中充斥着各种不如意和形形色色的意外，面对这些事情，我们或者手足无措，或者歇斯底里，只有真正的强者和有智慧的人，才能把淡然定为人生的基调。正是因为如此明智的决定，他们在面对人生的一切艰难坎坷和风雨泥泞时，始终都能做到平静安然，也绝不惊慌失措。

一年之中有四季，春有百花冬有雪，我们可以做到从容欣赏四季的美丽，为何不能做到坦然接受人生的百般滋味呢？其实，人生也是有不同季节的，既有幸福快乐的季节，也有遭遇苦难和磨难的季节。假如我们在应该无忧无虑享受幸福的时候，为即将到来的未来感到忧虑，又在忧愁的季节里，向往着曾经的幸福美好，因此感到非常懊丧，那么我们人生的每一刻都将与幸福绝缘。这个世界原本就是不完美的，我们每个人也都有瑕疵。在认清生活的本质后，我们理应从容享受生活的幸福快乐，也坦然接受人生的困窘和磨难。

正如辩证唯物主义学家所主张的那样，凡事都有两面性，苦难可能同时孕育着甜蜜，幸福也有可能带来磨难。正如我国古代的先哲所说，福祸相依。很多事情在一定条件下都是会相互转化的，我们只有保持淡然的心态从容面对，才能随遇而安。

没有谁的人生会是一帆风顺的，真正的强者即便面对人生的逆境，也能够保持坦然淡定，更能够保持平常心。当我们用微笑面对挫折，当我们用幽默应对嘲讽，当我们以坚强的心面对一切的风雨泥泞，我们就能够主宰人生，操控命运。

别把面子看得那么重要

民间有句俗语："人活一张脸，树活一张皮。"从这句话不难看出，在大众的心目中，面子问题多么重要，甚至与我们的生存息息相关。每个人都有自尊心，爱惜面子也是人之常情，但是凡事皆有度，一旦过度，就会成为负担，甚至导致事与愿违。生活中有些人死要面子活受罪，这当然是得不偿失的。

面子问题，从本质上来说，是人们渴望得到他人认可的心理需求。马斯洛的需求层次理论告诉我们，每个人都需要得到他人的认可和尊重，这是人至高无上的需求，因此也是完全可以理解和体谅的。尤其是在中国，国情决定了很多人并非为自己而活，人们很多时候选择做某件事情，更多的是为了挣面子。不得不说，这是国人的悲哀。幸好随着西方思潮的涌入，人们越来越注重自身的感受，很多人都不再把面子看得那么重要。因而，人性才得以从面子的束缚中解放出来，更多的人才能活出属于自己的精彩。

通常情况下，爱面子的人都是虚荣心很强的人，而虚荣心，恰恰是桎梏我们的囚牢。林语堂先生在《吾国吾民》中就曾指出，中国人普遍爱面子，并且为了得到面子和他人的认可不择手段。长此以往，必然本末倒置，人们也将会因此损失惨重。归根结底，我们缺少的是面对事实的勇气，也因此无法做到遵从自己的本性生活。

有个博士毕业后，费尽周折地进入一家很小的研究所工作。在这个研究所里，博士无疑是学历最高的人。因而，博士把自己看得很重，觉得自己就是研究所的骨干，处处都表现出专家学者的样子。

有一天，博士去单位后面的池塘中钓鱼，恰巧郑所长和刘主任也在。博士在离他们很远的地方找了3个位置坐下来，开始静心垂钓。博士没有和郑所长、刘主任打招呼，他暗暗想道："一个本科生，一个大专生，我们根本不是一个层次的。"

没过多久，郑所长站起来，从水面上健步走过，居然一眨眼就到池塘对面的厕所了。博士惊讶地看着郑所长水上漂的功夫，大气也不敢出。等到郑所长又从水上漂回来之后，刘主任也站起身，伸了个懒腰后，同样施展水上漂的功夫，去了池塘对面的厕所。博士其实也有些内急，但是他不敢轻举妄动："天啊，我居然来到了江湖高手的聚集地。作为大博士，假如我绕着半个池塘走去厕所，肯定会被他们笑掉大牙的。不行，我不能掉架子，我也水上漂吧，让他们见识见识我的厉害。"想到这里，博士站起来开始模仿江湖高手的模样运内功，一番准备之后，他居然抬腿就迈入水中，"扑通"一声掉入池塘里。

见此情形，郑所长和刘主任马上伸出竹竿，把博士拉出池塘。看着博士喝了好几口脏水，他们费解地问："你为什么要跳到水里去呢？"博士这才不好意思地问："我看到你们都能从水上走啊！为什么我不能呢？"听到博士的疑问，郑所长和刘主任哈哈大笑起来，郑所长说："你呀，可真是个书呆子。我们从水上走，是因为我们知道哪里有木桩啊。这几天下大雨，把木桩淹没了，但是我们记得位置。"博士羞愧不已。

博士因为爱面子，自视甚高，结果掉入池塘喝了好几口水。假如他能够放下架子，提前问清楚郑所长和刘主任，他就不会这么丢人了。不得不说，爱面子的博士很迂腐，也因此贻笑大方。从博士的经历中，我们应该总结出一个道理，任何时候都不要因为面子，而自以为是。要知道，每个人的实际情况不同，我们如果有不懂的或者不明白的地方，就要不耻下问、虚心求教。

在这个世界上，很多人都极爱面子，为了维护面子，常常被迫做一些力所不及的事，或者不懂装懂，其实完全没必要。当我们变得坦诚，向他人虚心请教，我们反而更能够得到他人的尊重和认可。记住，你的面子不是伪装来的，而是依靠着自身的不断努力和虚心学习赢得的。朋友们，让我们勇敢地走出面子的围城，坦然面对人生吧！

放下忧虑，学会拥抱生活

有一个热爱写作的年轻人，在把自己的处女作投稿之后，每天都焦急地守着电话，生怕错过任何一个电话，有的时候邮递员骑着电车打铃的声音，也使他猛然一惊，在这样的紧张不安中，他根本无法做好任何事情。随着时间一天天流逝，他心中的希望越来越少，他变得更加不安。一个月之后，他完全崩溃，甚至把自己的很多手稿都付之一炬，并且发誓再也不写任何文字了。就在此时，他突然接到电话，原来他的作品被出版社采用了，出版社希望他好好完善作品，然后准备出版。年轻人懊悔不已，因为他的很多手稿都被自己毁了，他不得不再次辛苦地完成作品。

人生之中，每个人都会有忧虑，然而并非所有的忧虑都是必需的。就像这位投稿的年轻人一样，他理应知道一般投稿的回应期是3个月之内，因为他太心急了，所以才会让自己焦灼不安。如果他能够耐心一些，等待出版社的回应，哪怕自己的文稿被出版社拒绝，再接再厉、持之以恒，那么他最终将获得更大的成就。可想而知，一个不能够从容面对失败也不知道在失败面前坚持努力的人，是很难有大的成就的。

曾经有个心理学家进行过一项特殊的实验，实验的目的在于验证日常生活中总是困扰人们的忧虑，到底有多少存在的意义。心理学家让诸多实验对象都在一张纸上写下自己忧虑的事情，之后，心理学家把这些纸收起来，让实验对象继续自己的日常生活。一段时间之后，心理学家把实验对象召集回来，并且把他们曾经写下的那张纸分发给他们，让他们检验到底有多少他们曾经忧虑的事情真的已经发生了。结果，只有极少数人忧虑的某一件事情真的发生了，他们此前的大多数忧虑完全是没有必要的。不管他们是否忧虑，生活都如常进行，该发生的还是会发生，不该发生的依然没有发生。由此可见，很多忧虑根本没有必要存在，我们也完全可以抛弃那些忧虑去生活。这样一来，我们如同卸下沉重的负担，人生也会变得步履轻盈。

退一步而言，就算那些忧虑真的会发生，我们的担忧也不会对事情的发生和发展有任何作用。当很多事情无可避免时，最好的办法就是从容面对，勇敢地解决问题。犹太人曾经说过，只有为忧虑而存在的忧虑，才是正确的忧虑。从这句话不难看出，忧虑的事情并不值得我们苦恼，只有被忧虑这种情绪困扰和影响生活，才是我们真正应该担心的。中国的典故——杞人忧天，正是告诉我们没有必要忧虑的道理。

人生有的时候的确需要超前，诸如我们上学的时候要提前预习，从而让我们在学习方面占据主动和先机，我们工作的时候要提前完成一定的量，这样我们在未来的工作中才会更轻松。但是人生也有很多事情需要按部就班，并不能超前。如我们的成长，要一步一步来，揠苗助长是绝对不行的。再如，面对那些让我们忧心忡忡的事情，我们可以尽量提前采取措施，防患于未然，但是不要陷入毫无意义的忧虑之中，因为忧虑本身除了使事情更糟糕之外，根本不可能帮助我们解决任何问题。所以在感到忧虑的时候，不要一味地陷入惊慌失措的恐惧之中，也不要一味地逃避，这些都无法帮助我们处理好问题，只会使我们心中惶恐，生活的状态也变得不安。认真想一想，我们的忧虑完全没有存在的理由，我们需要做的就是处理好手中的事情，活好当下的每一刻。这一点，只有抛开忧虑全心全意地面对生活，才是正确的选择。

记得在三毛笔下，有个女人因为过度忧虑，变得不能正常地行走，甚至瘫痪在床。实际上，这个女人完全是心理疾病，身体上没有任何实质性的疾病。在家境越来越困苦的情况下，这个女人的病情也越发严重，实际上是心理上的逃避导致她放弃了身体上的努力。三毛去探望她，给她的家人和孩子买了很多东西。她心情渐渐变得好起来，居然可以站起来勉强走几步。其实，有很多新闻报道中说原本坐轮椅的人，突然在强烈刺激下能够站起来走路，也是因为他们在紧张的状态下忘记了心中的障碍，从而成功超越了自我。

朋友们，为了拥有幸福快乐的人生，让我们从现在开始放下忧虑，轻松地拥抱和享受生活吧！当我们的心情变得轻松，你会发现我们的人生也变得更加不同！

摆脱苦难的阴影，轻松上阵

历史不管是对于一个人的人生、民族的兴亡还是对于整个人类的发展与进步，都有着至关重要的意义。因而，我们总是被教诲要牢记历史，要以史为镜知兴替。然而很多人都害怕历史，尤其是独属于自己的个人历史。

在过往的岁月中，越是经历了坎坷挫折和血泪教训，人们对于自己的历史就更加心有余悸。他们始终被失败和伤害的阴影笼罩着，无法摆脱，无法逃离。殊不知，一个民族牢记历史，并非是要阻挡现在的进步，而是为了更好地进步，作为个人，我们为何要让历史蒙蔽人生呢？在从个人的奋斗史、血泪史或者其他诸如此类的历史中汲取经验和教训之后，我们所要做的就是忘却历史，轻装上阵。当我们把从历史中所得到的经验作为进步的阶梯，我们的人生一定能够得到长足的进步，也能得到飞速的发展。

归根结底，诸如“一帆风顺”“万事如意”之类的词语，都只能作为祝福语出现。真正的生活，不会永远波澜不惊，而是像变幻莫测的海平面一样，时刻给我们制造滔天巨浪。然而，不管是在海面上，还是在人生中，灾难唯一的作用就是帮助我们警醒自己，提升我们应对灾难的能力。倘若把人生过往的灾难变成一场噩梦，时不时地就被它惊扰，那么人生就会因此受到负面影响，我们也会因此止步不前。

实际上，不管事发时多么痛苦，事后都会成为深刻的人生领悟。尤其是那些当时看起来很唬人的灾难，更是纸糊的老虎，看起来吓人，实际上忍一忍、熬一熬总会风平浪静。此时我们再回头去看灾难，一定能够收获宝贵的经验，也使人生更上一层楼。

当然，那些对于灾难心有余悸的人其实并非惧怕灾难本身，而是因为他们心底的恐惧被灾难激活，变得怯懦。它们就像人们内心深处的毒蛇，一个个吐着血红的信子，随时随地都要吞噬脆弱的灵魂。当我们变得足够坚强，那么我们就能摆脱灾难带来的消极心理暗示，使自己变得乐观坚强，恐惧也会随之消散。

自从经历过一次失败的婚姻之后，利民的人生中似乎再也没有快乐了。每天，他都愁眉苦脸地对待这个世界，即便是看到年幼的女儿和年迈的父母，他也满面忧愁，从来没有欢笑的模样。

眼看着离婚已经3年了，孩子也已经上幼儿园了，开始陆续有人给利民提亲。利民勉强与几个女孩见面，但是对方最终都因为他愁眉不展的模样望而却步。直到最后，姨妈给利民介绍了一个年轻新寡的女人，见到利民，女人就笑了。看到女人灿烂的微笑，利民不由得也微笑起来，但是显然因为已经很久没有笑过了，他的笑容很僵硬。

女人问：“我听介绍人说你不太爱笑，为什么呢？”

利民回答：“我的人生如此悲催，老婆跟人跑了，留下年幼的孩子还得依靠父母照顾，有什么值得笑的呢？”

女人说：“不笑，愁眉苦脸的有用吗？”

女人的话让利民陷入沉思，他想了想说：“似乎也没用，我的父母和孩子也觉得压抑。”

女人继续说：“是啊，不笑并不能改变现状，还给你最爱的人带来痛苦，让他们担忧你，那么为何不笑呢？我刚刚结婚半年，丈夫就被发现患了肝癌，在陪伴他的这一年多里，我饱受折磨，担惊受怕，尤其是眼睁睁地看着我最爱的人一天天失去生命，简直心如刀绞。但是我依然笑着面对他，我想让他记得我笑的模样。他去世之后，我没有在痛苦中沉沦，而是笑着开始了崭新的生活，我知道这也是他的心愿，而且我不愿意背负着苦难前行。任何事情发生了就成为历史，历史是用来遗忘的，尤其是让人不快乐的历史，不是吗？”

女人的这番话让利民对她刮目相看，利民紧皱的眉头也舒展开了，说：“你说得对，我不应该用我前妻的错误惩罚自己，我以后也要笑着度过每一天。”

很快，利民就与这个乐观坚强的女人走入了婚姻的殿堂，他们的家里也终日充满了笑声，充满了幸福和欢乐。

过去的苦难的确会在一定程度上给我们留下心理阴影，然而我们要做的就是摆脱阴影，大步向前，拥抱新生活。哪个人的人生不曾经历过苦难呢？如果把苦难全都牢牢记住，我们的心终将不堪重负。唯有摆脱苦难，我们才能做到轻装上阵，享受生活。

朋友们，假如你也是一个曾经被苦难羁绊的人，不妨从现在开始就调整心态，积极乐观地面对生活吧。要知道，苦难留下的阴影对我们人生的负面影响远远超过了苦难本身，我们唯有学会舍弃，学会清除人生的重负，才能尽情享受快乐幸福的人生。假如人生有很多财富，为何不把苦难也当成其中的一种呢？当你成功摆脱苦难，苦难就会成为你人生中最宝贵的财富，永远激励着你珍惜生命，热爱生命，勇往直前！

第12章

成功的人生不是等来的，要赶快行动

你说你怀才不遇，在等待上天的机会；你说你命途多舛，在等待上帝的救赎；你说你生活麻烦不断，在等着好运的降临。然而，成功的人生并不是等来的，只有赶快行动，我们才能紧紧把握住机会，从而赢得成功。

主动出击，才能真正成就自己

细心的人会发现，大多数成功人士，并非是命运的宠儿，他们之中不乏命运悲惨的人，正是因为他们能够鼓起信心和勇气，与苦难的人生奋战不止，最终才真正赢得生机。他们的成功告诉我们一个道理，成功的人生不是等来的。我们唯有变得更加积极主动，才能把握住人生中转瞬即逝的机会，也才能真正成就自己。

很多失败者之所以失败，并不是因为他们的能力不足，也不是因为他们没有占据天时地利人和，而是因为他们在成功的路上已经习惯了等待。哪怕千载难逢的好机会降临在他们身边，他们也无法抓住，更无法对自己的人生主动出击。在接连不断的等待中，他们错失了机会，也错过了人生。

从呱呱坠地开始，没有人知道自己的一生该怎么度过。对于大多数人而言，人生都是摸着石头过河，唯有勇敢果断、当机立断，才能抓住更多的机会，才能争取到时间进行更多的尝试。比尔·盖茨之所以能够有今天的成就，就是因为他积极主动，抓住了一个又一个机会。否则，他的人生必然变得不同。

在20世纪30年代的英国，有一个叫玛格丽特的小姑娘出生在一个普通的家庭。父母对于玛格丽特的教育非常严格，父亲更是经常告诫玛格丽特：不管做什么事情，都要努力争取做到最好，永远不要落后于人，而要走在他人前面。父亲还教育玛格丽特：就算坐公交车，只要前排座位空着，就要坐在前排。在父亲的不断教导下，玛格丽特从小就养成了争先抢上的习惯，从来不会说诸如“这很难”“我做不到”之类的话。

即便长大之后面对学习和工作，玛格丽特也总是积极向上。读大学期间，她用一年的时间就学完了其他学生需要花费5年才能学完的拉丁文。她的其他各科成绩也总是名列前茅。当然，玛格丽特可不是书呆子，她是个品学兼优的好学生，不但学习成绩优秀，而且在音乐、体育、演讲以及各种社团活动上，都是佼佼者。对于这样的玛格丽特，校长评价说：“建校以来，她是我所知的最优秀的学生，她总是精力充沛，把每件事情都做到极致。”

40多年来，正因为玛格丽特始终坚持“永远坐前排”的精神，她才能于1979年成为英国的第一位女首相，也才能在政坛上雄踞11年之久，成为世界历史上赫赫有名的“铁娘子”。

人生不是等来的，我们不能坐后排被动地等着命运的安排。真正成功的人生，就是像玛格丽特一样，不管什么时候都勇敢地坐前排，不管什么时候都勇于迎接命运的挑战，更有信心和勇气把每件事情都做到极致。在这个世界上，有很多人都梦想着坐到前排，他们之所以没有成功，是因为他们把梦想永远地停留在空想阶段。在这个世界上，也同时还有很多人根本不敢坐在前排，他们任何时候都害怕被别人注意，因而总是躲藏在不引人注意的角落里，等待着命运的发落。

任何时候，我们都要勇敢坐在前排，才能扬起人生的风帆，向着最绚烂辉煌的人生奋勇前进。否则，我们就会失去人生的机会，甚至错失人生。当然，要想掌握人生的主动权，并非一朝一夕的事情。具体来说，只要我们做到以下几点，就能够成功调整自己的心态，改变自己被动的人生习惯，从而勇敢地在人生之中乘风破浪。首先，我们在遇到困难的时候，一定要知难而上，而不是畏难退缩。其次，我们应该满怀着正能量，成为人生的主宰，驾驶着人生之舟不断地向前、向前、再向前。再次，我们要更加主动积极地面对人生，不管有什么问题，都要第一时间积极解决，而不要被动无谓地等待。最后，当机立断，任何事情都不要无限制地拖延。当我们做到这几点，并且对其持之以恒，我们就能够把握人生，主宰自己的命运。

让时间抚平伤痛

每个人的人生都不是一帆风顺的。在人生的漫漫长路上，我们常常因为各种各样的意外遭受打击，其中不乏一些我们无力承受的打击。在这种情况下，我们是选择逃避，还是选择勇敢地面对呢？当然，勇敢面对需要时间，任何创伤都不可能神奇地愈合，唯有在时间的不断沉淀中，这些创伤才能帮助我们回复平静。

有些打击是致命的，虽然它们并没有真正夺走我们的什么，但却彻底改变了我们的生活，这样一来，我们不得不花费更多的时间来适应改变后的生活模式，也让自己彻底接受那些灾难。时光如梭，任何时候，我们都无法改变时间的脚步。我们哭着也是度过一天，笑着也是度过一天，既然如此，我们为何不笑对人生的一切困境呢？当我们真正做到勇敢地面对生活，我们会发现那些事情其实不像我们想象中那么可怕。在厄运面前，即使我们一时之间难以承受，但时间会抚平我们的伤痛。

1945年8月，日本宣布投降，次日，布朗夫人回到她位于加拿大渥太华的家中。这个家变得空空荡荡的，似乎只剩下一座大房子，而失去了所有的灵魂。

前几年，布朗先生因为一场突然而至的车祸失去生命，没过多久，布朗夫人的妈妈也因病去世。接连失去两个亲人，命运对布朗夫人如此残酷，但是却没有就此结束。当人们在街道上欢天喜地地庆祝日本投降时，布朗夫人失去了自己唯一的儿子康德纳。没有丈夫，没有妈妈，连儿子也失去了，可想而知，布朗夫人在这个世界上是多么的孤独无助。

她回到那个如同荒原一般的家里，孤身一人四处游荡，如同孤魂野鬼一般。她害怕极了，不知道自己应该如何生活下去，她感到窒息，也觉得自己即将崩溃。她简直无法正视自己的命运。然而，随着时间的流逝，有一天她突然发现自己又开始给朋友打电话聊天，偶尔还会和朋友一起四处散步。就在一天早晨醒来时，她决定要继续好好地活下去，要彻底改变这种阴暗绝望的生活状态。从此之后，布朗夫人战胜了困难，掀开了人生的新篇章。

对于任何一个普通人而言，都很难承受如同布朗夫人遭遇的厄运这样的打击。然而，除非和死去的人一起死去，否则只要活着，日子总是要继续进行下去。布朗夫人在经历了切肤之痛后，也痛定思痛，决定开始自己新一段的人生。每个人都是如此，面对无法逃避的灾难只能选择接受。

天有不测风云，在生活之中，我们不知道什么时候就会遭遇不如意，甚至遭受厄运的突然袭击。有些灾难的确带有毁灭性，使我们根本无法赢得人生的生机。然而，活着就是熬。越是面对艰难困苦，越是觉得一切都无法改变，我们就越是要熬着，等到时间悄然流逝，一切的苦难也会随之消散。这就是人生的本质。所以朋友们，给自己一点儿时间吧，让时间带着你度过艰难的时刻，要相信人生总会重新开始的。

积极主动，成就人生的辉煌

很多时候，我们的人生之所以庸庸碌碌，并非因为我们缺乏好的创意和金点子，而是因为我们的人生缺乏主动进取的精神。没错，每一个成功者之所以有辉煌成就，并非因为他们得到命运的特殊眷顾，而只是因为他们具有积极主动的精神，从不被动地等待命运的赏赐和青睐，他们主动发起进攻，从而赢得更多千载难逢的好机会。

很多朋友都知道，人生经不起等待。人生看似漫长，实际上只是沧海一粟，弹指一挥间。不经意间，我们的时间就会如同白驹过隙，转瞬即逝。既然如此，我们更应明白很多机会都是千载难逢的，机会从不等待人，更不会眷顾谁。任何人要想抓住好机会，就必须做好准备，随时随地等待机会的到来。在这种情况下，我们更要把握人生，让人生变得主动从容。任何时候，朋友们，都不要怕累，更不要害怕付出。要知道，在人生的长河中我们每一次艰难的付出，最终都会沉淀下来，成为我们人生最终的积累和历练。所以，我们唯有主动，才能争取抓住更多的机会，才能比别人多创造一些成就，才能让人生变得更灿烂、更辉煌。遗憾的是，如今的社会上有很多年轻人都习惯了衣来伸手、饭来张口的生活，他们从小就被爸爸妈妈和爷爷奶奶捧在手心里长大，已然不知道如何才能更主动地面对人生。虽然他们渐渐长大，成熟，走入社会，进入职场，但是他们惰性难改，最终眼睁睁地与好机会失之交臂，根本承担不起属于自己的那份沉甸甸的责任。

从古至今，所有的成功都不是一蹴而就的。为了成功，人们日积月累，坚持不懈地付出，最终才能取得傲人的成绩。每天多做一点点，这句话也许说起来很容易，但是做起来却很难。毋庸置疑，人人都想抓住眼前的片刻安闲让自己生活得舒适惬意，等到他们书到用时方恨少时，已经为时晚矣。其实，人生的积累和读书学习相差无几。诸如，一个好学生，绝非努力用功一节课或者一天，甚至是一周、一个月，就能让成绩突飞猛进的。大多数好学生，都有着良好的学习习惯，也许他们在某一个节点上看起来学习轻松，毫不费力，但是他们每天都在坚持为了学习而付出，因而最终才能学有余力，学得轻松惬意。做其他事也是如此，我们不管做什么事情，不如在有能力的情况下未雨绸缪，这样也就避免了事到临头，措手不及。

展开行动，不再犹豫不决

只有切实展开行动，才算真正迈出通往成功的第一步。很多人都知道这个道理，但是在真正面临抉择和需要展开行动的时候，他们偏偏又迟疑不定、犹豫不决。正是这种现象导致现实生活中不乏“语言上的巨人，行动上的矮子”。

朋友们，你是否发现你一直都在无意识地寻找各种各样的理由，从而说服自己继续心安理得地保持现状？归根结底，一切的理由只是借口而已，你之所以一成不变、墨守成规，最根本的原因在于你缺乏勇气，不愿意挑战自我。细心的人会发现，一个人之所以行动拖沓，除了懒惰之外，最大的原因就是思虑过多。从这个角度来看，我们宁愿一个人因为莽撞冲动做出错误的行动，也不想让一个人因为胆小谨慎而永远止步不前。

要知道，每个人都是在错误中成长起来的。为了避免犯错而让自己不再轻举妄动，虽然的确降低了犯错的概率，但是也让我们与成功彻底失之交臂。没有错误，没有失败，我们就会进步缓慢，甚至停滞。我们唯有鼓起勇气，勇往直前，哪怕遭遇失败，也不能踟蹰不前。这样的勇气，必将帮助我们不断行动，不断进步，从而获得发展。

众所周知，人的潜力是无穷的。但是，很多人都意识不到自己的潜力，他们总是妄自菲薄，自我否定。过分谨慎，杞人忧天，导致他们在面对人生中很多千载难逢的好机会时，犹豫不定，从而选择退缩。他们虽然羡慕成功者的成就，仰视成功者的光环，但是他们也始终在寻找理由说服自己不要和成功者比较，他们觉得成功者是天降好运，而且别具天赋。这样一来，就可以理解为什么他们一边羡慕别人，一边又裹足不前了。

从某个角度而言，他们之所以不行动，也是因为惰性导致的。所谓惰性，指的是某件东西喜欢保持自身的性质和状态，除非接受外力的推动，否则不愿意发生变化。同样地，人也是有惰性的。要想改变惰性，我们就必须下决心改变自己。民间有句俗话，叫作好吃不过饺子，舒服莫若躺着。的确，人在躺着的状态下，身体最为舒适惬意，如果能躺着，谁还愿意汗流浃背地奔跑呢！但是，这只是人本能的惰性在发挥作用，一个聪明的人、理智的人，总是能够督促自己不断进步，绝不原地踏步。此外，人要想真正动起来，还要拥有信心。因为缺乏信心，对自身判断不足，对未来的形势过于悲观，也会导致人们犹豫不决。所以朋友们，我们还要更加深刻、理性地认识和剖析自己，这样我们才能正确认识和评价自身，不再因为怀疑自己而迟疑。

当然，行动上犹豫不决，有共性的原因，但由于每个人自身的情况不同，还有自身个人的原因。我们不能盲目地模仿他人，也不能把他人的经验全都照搬到我们身上。我们只有认清楚自己，审时度势，与时俱进，才能做出最明智理性的抉择。

第13章

你想要的安全感，只有自己能给

生活中，不少人总是嚷着：“我没有安全感。”他们希望能从别人那里找寻安全感，来支撑自己努力生活下去。安全感一旦有了依附，便会受制于对方，此时的安全感已经不安全了。所以，你想要的安全感，只有自己能给。

真正的安全感，来自你的内心

人生中的很多时候，人们都在追求安全感。诸如小小的婴儿从父母的怀抱中寻找安全感；女性朋友从爱人那里寻求安全感；工作的我们希望有所成就，让自己的人生充满安全感；和团队里的成员合作时，我们希望得到强有力的支持，得到安全感……总而言之，安全感对于我们的生活至关重要，甚至可以断定我们是否值得坚持从事某件事情，或者与某个人一直保持亲密的联系。当然，前文我们所说的这些安全感，从表面上看起来，都是依附于他人，从他人身上得到的。实际上，我们真正的安全感必须来自我们的内心。唯有获得发自内心的安全感，我们才能真正变得强大，也才能突破内心的局限，成为一个真的强者。

举个最简单的例子。有的人不敢独自一人去洗手间，更不敢深夜走夜路，说到底他们的恐惧并非来自外界，而是来自他们的内心。所谓解铃还须系铃人，我们要想获得安全感，就必须战胜内心的恐惧。现实生活中，很多朋友都喜欢关注明星的八卦新闻，也很羡慕明星的光鲜靓丽。殊不知，明星是最缺乏安全感的。他们的一举一动都暴露在众目睽睽之下，再加上无所不在的狗仔队的跟踪，使得他们几乎毫无隐私可言。大多数人不管是恋爱还是结婚，抑或是生孩子，都是个人行为，顶多与自己亲密的亲戚朋友分享。但是，对于明星而言，他们的这些事情都必须与公众“分享”，又因为现在的舆论作用很强，所以他们只能处处注意保护隐私，做好每一件事情，才能维护自己的名誉。不得不说，生活对于明星而言，也是无比沉重的。

小马是一个影视演员，还交了个条件不错的男朋友。有一天，小马和男朋友就像所有情侣一样发生了争吵，冲动之下，男朋友喝令小马滚。作为一个倔强的姑娘，小马当即就拎起行囊离开了男友的家。然而，当小马把门在身后狠狠撞上时，她突然意识到她根本无处可去。骄傲的她不好意思联系朋友，就住到了附近的宾馆里。此时此刻，她突然意识到一个道理——一个女人无论是单身还是已婚，都必须拥有自己的地盘。所谓我的地盘我做主，这才是独立女性应该有的魄力和魅力。就这样，小马豪掷300万元购买了一套大三居。当时，小马并没有多少钱，她只是勉强用所有积蓄付了首付。从此之后，她成为不折不扣的房奴，每个月都要还银行接近两万元的贷款，每个月只能剩下很少的钱。男友主动想要帮助她，也被她断然拒绝。她用了6年时间才还完所有房贷。

在自己的地盘里，小马找到了自信。这是她的领地，她可以在这里随意摆放任何物品，而且还有权力禁止别人触碰她的任何私人物品。因为经济上不宽裕，她就像蚂蚁搬家一样每次只买一两件家具，但就是这样的过程，让她实现了作为女人的尊严。

一个女人为了拥有一个完全属于自己的家，足足花了6年的时间。而且，在此期间，她还拒绝了主动帮助她的人，宁愿一个人面对这一切。不得不说，小马的确令人刮目相看。原来，我们每时每刻都挂在嘴边的安全感，是需要自己努力来获得的。

朋友们，不要企图从他人身上寻找安全感，否则我们不但绑架了别人，也绑架了自己。要知道，不管是男人还是女人，都无法仅仅依靠外貌或者是他人获得安全感。唯有强大自己的内心，让自己变得坚强，不管什么情况下都要自力更生，才能获得安全感。真正的安全感来自我们的内心，我们必须奋发图强，才能让自己心安、自信。

捍卫善良，表明自己的立场

在生活中，每个人都会遇到困难，是知难而退，还是迎难而上，这取决于每个人的性格，但是却毫无例外地影响人们的命运。有些人的性格非常刚强，即使遇到困难，也毫不畏缩，迎难而上。与之相反，有些人天性畏缩，不管遇到什么事情，只要有一点点困难，就会马上变得缩头缩脑。其实，人们并非总是同情弱者。因为人的劣根性，很多人在人际相处的过程中，会敬畏强者，而欺负弱者。想到这里，聪明的读者朋友当然知道是什么意思。软弱可欺，并非只是一句书面语，而在现实生活中也频繁发生。聪明人不会给别有用心、居心叵测的人留下可乘之机，相反，他们会让自己变得更加坚强，增强自己的实力，让其他人知难而退。

也许有人会说，善良总是会有好报的。不得不说，我们可以善良，但是也要牢记民间的一句话，人善被人欺，马善被人骑。无可否认，善良的心让我们的人生变得纯净而又高贵，遗憾的是，人世间除了心地善良的人之外，还有大量的好斗分子。他们总是看谁好欺负就欺负谁，如此一来，我们在善良的同时，必须坚定自己的原则，用坚强捍卫自己的善良。善良，不等于软弱可欺。善良，是一种品质，和刚强坚毅一样，可以同时并存于一个人身上。只有做到这两者的完美结合，善良才能长久。我们无须害怕被别人欺负，在别人欺负我们的同时，我们可以以强硬的姿态表达自己的原则和立场。善良的人会主动捐献出金钱物质帮助穷苦人，但是这和自己的生命财产被恶人剥夺完全是两种不同的性质。因此，朋友们，你可以善良，但是也要抓住一切机会捍卫自己的主权，表明自己的立场。

晓敏刚刚参加工作，就因为工作上的出色表现，得到了领导的认可和表扬。对于这样一个初出茅庐的黄毛丫头，能得到领导的大力赞赏，很多老员工都羡慕不已。当然，其中也不乏一些居心叵测者，对晓敏由妒生恨，怀恨在心。

有一次，晓敏在工作中出现失误，给公司带来了不小的损失。为此，赏罚分明的领导给了她判了一个三级过失，留职察看。这次失误，让晓敏在工作上承受了巨大的压力，也变成了流言蜚语的中心。一天午餐时分，晓敏独坐一桌，正在吃饭，突然听到一个尖锐的女高音钻进她的耳朵里：“归根结底，晓敏有什么资历呢？不过是凭着凑巧的运气，做出了一点成绩。看着吧，这次领导给她记三级过失，很快就会把她扫地出门的。”晓敏听到这话之后，饭没吃完就匆匆忙忙地走了。那个尖锐的女高音提高嗓门继续说：“看吧，她就是一个草包。要是真有本事，怎么不为自己辩解啊！”听到这话，已经走到餐厅门口的晓敏回过头来，她改变了主意，不再逃避，而是面对。她径直走到女高音面前，淡然地说：“李姐，首先，我很佩服你的女高音，比喇叭更具有穿透力。其次，我非常感谢你的提醒。我的确就是个刚刚毕业的黄毛丫头，但是我却凭借能力获得了领导的认可。你的提醒让我更加深刻意识到工作上是不能出现失误的，我想，这样的情况绝对不会再出现第二次。最后，我想给你一个建议，以你的嗓音和音质，你完全可以在公司的年会上独唱一曲，一定会震惊全场。”说完，晓敏微笑着对着女高音鞠了一躬，就转身离开了。

所谓的李姐，正沉浸在惊愕之中。她曾经故意提高分贝说过晓敏好几次了，晓敏都选择逃避。这次，她万万没想到晓敏居然敢在大庭广众之下与她当面较量，而且说得合情合理，让她根本无从反驳。从此之后，李姐再也不敢在背后说晓敏的坏话了。

一次次的退缩，只会让李姐更加得意忘形，得寸进尺地挖苦讽刺晓敏。这一次，晓敏出人意料地直面李姐的冷嘲热讽，反而让李姐措手不及。做人做事就要这样，虽然善良，但是不能软弱可欺。

在生活和工作中，每个人都难免会因为一些事情遭受非议，好事者会以此为借口，冷嘲热讽，表现自己肤浅的高明。其实，犯错误是正常的事情，没有必要因为一次错误就小看自己。哪个人在成长的道路上没有犯过错误呢，只要虚心改正，汲取经验和教训，一定会拥有更加美好的未来。既然想清楚这一点，当别人揪住你犯错的小辫子对你冷嘲热讽的时候，你也就没有必要忍气吞声。

人善被人欺，马善被人骑。这句话虽然很糙，但是话糙理不糙。永远不要在善良和软弱可欺之间画上等号。善良和刚强坚毅都是美好而高贵的品质，完全可以同时出现在一个人身上。没有人喜欢被人欺负，既然如此，就赶快学会正面应对吧！

勇敢面对，把困难踩在脚下

在人的一生之中，没有谁能够一帆风顺。人生总是会遇到各种各样的挫折和磨难，然而，这些困难都是暂时的，只要你足够坚强，没有任何困难会伴随你一辈子。有过乘坐火车经历的人们都曾经穿越过隧道。有些隧道幽暗得似乎看不见尽头。尤其是在日本，很多隧道那么幽深，那么暗黑，让坐车的人恍惚之间情不自禁地产生恐惧，觉得自己掉进了一个永远也不会见光的黑洞。在这样的恐惧之中，火车依然轰轰隆隆地前行，带着人们奔向光明。人生也是这样一列火车。在暗黑的隧道之中，火车始终轰鸣着向前、再向前，从来不曾停下，最终带着我们，穿过黑暗，迎来阳光。这时，你才发现，原来隧道并非漫无尽头。当生命遭遇创伤、痛苦和摧残性的打击时，很多时候，我们觉得自己无力承担了，甚至产生了结束生命的念头。然而，只要我们的生命还在，这一切就终将过去。

也许有人会说，既然生命的车轮终究会带我们驶离困难的隧道，我们还需要做什么呢？只要静静等待就好。你需要考虑的是，你采取的姿态不同，也决定你的人生驶离困难的隧道之后，面临怎样的局面。简而言之，我们面对困难的态度，决定了我们生存的姿态。人活着有很多种方式，高贵地活着，卑贱地活着，忍辱负重地活着，好死不如赖活着……这么多的姿态，哪一种是你真正想要的。曾经，有位百岁老人说，活着，就是受罪。一宗一宗罪受过来，一辈子也就结束了。还有位百岁老人说，人生没有过不去的火焰山，熬过来就好了。的确，很多困难要熬、要坚持，但是很多困难，需要我们迎难而上，勇敢解决。无论怎样，困难都是暂时的。既然哭着也是面对，笑着也是面对，我们为何要束手就擒呢？只有勇敢面对，采取主动的姿态，我们才能真正把困难踩在脚下。

人们总是说，困难像弹簧，你强它就弱，你弱它就强。然而，在现实生活中，被困难打倒的人依然不计其数。

不管什么时候，我们都要牢记：困难只是暂时的。面对困难，只要我们迎难而上，勇敢地把困难踩在脚下，它就对我们无可奈何。任何时候，只要我们自己不放弃，就没有任何困难能够把我们打倒。

人生不如意十之八九。当人生遭遇困难的时候，你需要做的就是思考如何面对，而不是思考是否面对。人生没有过不去的火焰山，只要我们不放弃，终将战胜困难。没有困难的人生只存在于梦想中的世界，现实中的人生就是不断地面对困难、战胜困难，接受改变，适应改变。

斗志昂扬，与命运抗争

常言道，靠山山会倒，靠水水会跑，唯有靠自己，我们才能把握命运。当我们哭泣的时候，假如没有人为我们擦干眼泪，那么我们只能等着眼泪风干，或者自己擦干眼泪。当我们感到恐惧的时候，如果没有人为我们壮胆，那么我们只能自己鼓起勇气面对。当累了的时候，如果没有人可以给我们依靠，那么我们就只能自己休息，然后自立自强，再次扬帆起航。总而言之，当我们还是呱呱坠地的婴儿，也许还可以在父母温暖的臂弯里休息，但是随着我们渐渐长大，父母逐渐老去，我们必须成为父母的依靠，也就只能依靠自己的努力，让自己变得独立坚强。

如果说人生是一条浅浅的溪流，溪水淙淙，那么要想激流勇进，我们必须加快速度，让自己激荡起来。如果说人生是一条遥远的航道，那么我们必须为自己准备一艘小船，才能扬帆起航，乘风破浪。总而言之，当人生处于不同的境遇，我们只靠着他人的帮助，是很难创造和把握命运的。不管什么情况下，我们必须斗志昂扬，才能真正与人生和命运对抗。

很久以前，有个叫哈特的小男孩因为家境贫困，根本没有钱支付学费，因而失去了上学读书的机会。无数次，他站在教室的窗户底下，倾听老师的讲课。他的童年和少年时期，都非常艰难。好不容易长大成人之后，他决定去大城市打工，养活自己。

他背起行囊独自来到大城市，但是他没有文化，因而找了很长时间都没有找到合适的工作。眼看着身上仅有的盘缠都要用光了，他决定回到农村老家打工。然而，真的要离开时，他又觉得心有不甘。因此，他决定留在大城市，奋力一搏。思来想去，他决定写一封信给当地大名鼎鼎的银行家罗斯先生，寻求他的帮助。在信里，他向罗斯先生诉说了自己的悲惨人生和内心的苦闷。出乎他的预料，罗斯先生丝毫不同情他，而是回信告诉他，没有鱼鳔的鲨鱼之所以能在环境恶劣的海洋里生存下去，是因为它们一刻不停地游动，而要想在城市里生存下去，就必须如同没有鱼鳔的鲨鱼一样坚持奋斗。

收到罗斯先生的回信，叫哈特彻夜未眠。他下定决心，要在大城市生存下去。次日，他请求旅馆老板给他一份工作，他只要求得到吃喝和睡觉的地方，就愿意给旅馆老板打工。旅馆老板对于如此廉价的劳动力当然求之不得，当即答应了哈特的请求。转眼之间，10年过去了，哈特成为举世闻名的石油大王，而且娶到了银行家罗斯的女儿。

每个人在长大成人之后，都会离开父母的臂弯，脱离父母的庇护，独自走入社会，求生存，求发展。毋庸置疑，现实是残酷的，除了家以外，没有任何人会像父母一样给予我们吃喝，照顾我们，帮助我们。所以，我们除了靠自己，别无他法。

一棵小小的树苗之所以能够长成参天大树，就是因为它竭尽所能地吸取土地中的养分，在风雨之中顽强不屈。一个原本孱弱的人要想成为真正的强者，也必然要不断地提升和完善自我，从而让自己能够迎风傲雪，在风雨飘摇中傲然屹立。我们必须坚信，只要我们坚持不放弃，终有一日，我们一定能够获得成功！朋友们，一定要记住，命运掌握在我们自己手中！

自我激励，优秀如你

生活中有一种非常奇怪的现象，即原本非常平庸的人，每日幸福快乐地生活，最终活出了有滋有味的人生。这到底是为什么呢？实际上，这就是期待的力量。记得有人说过，如果你想让一个人变成你所希望的样子，你就要赞美他，这样他日久天长必然越来越符合你的希望。同样的道理，我们无须用赞美改变自己，但是我们却要对自己满怀期待。相信自己，只要你坚持期待，终会变成你所期待的样子。

与期待自己的人恰恰相反，那些对自己心怀不满、喋喋不休的人，最终非但没有以抱怨和牢骚把自己变得更好，反而把自己变得越来越差。用心理学的知识来说，这是自我否定和自我抱怨，最终产生了强大的自我暗示效果。相反，自我期望形成的则是自我肯定和自我憧憬，效果当然也会相反。所以聪明的朋友们，从现在开始，你们是否定自己，还是肯定自己呢？你们是抱怨自己，还是期待自己呢？相信你们一定会做出明智的选择。

小鱼大学毕业后就进入一家公司工作，一晃已经5年了。因为他在工作上出色的表现，所以上司非常认可和欣赏他。前段时间，小鱼的上司跳槽，还特意把小鱼推荐到他的职位上呢。对此，小鱼非常感谢上司。

然而，从基层岗位一下子进入管理岗位，小鱼有些不适应。尤其是面对以前的那些同事，如今的下属，小鱼更是冷不下脸来管理他们。就在小鱼上任的一个多月，他的部门管理得越来越差，同事们迟到早退的现象也非常严重。为此，老板和小鱼谈话，要求小鱼必须把管理抓起来，否则就意味着小鱼根本不适合管理工作。对此，小鱼无话可说，只能连连点头。然而，回到部门之后，小鱼一面对那些同事，就又犯了老毛病，根本无法义正词严地安排同事们的工作，或者是指责他们对待工作极其不认真的态度。最终，上司给小鱼下了最后通牒：如果一周之内不能卓有成效地管理部门，那么就再回到原来的工作岗位。对于上司的最后通牒，小鱼不能不重视，为此，他专门召开全部门会议，向同事们表明自己如今的状况，并且请求大家对他以后的黑脸容忍和谅解。

当天晚上，小鱼几乎彻夜未眠，一直在看关于管理的书，并且不停地暗示自己要调整角色，改变形象，从今以后成为一个真正的管理者。次日，小鱼早早赶到单位，抓住了几个顶风“作案”的迟到分子，当着所有同事的面，严肃处罚了他们。下午，果然没有人再以各种理由早退。后来，小鱼每天早晨起床第一件事，就是告诉镜子里的自己：“我是管理者，我是管理者，我要成为优秀的管理者。”如此几个月之后，小鱼果然变得越来越像管理者，就连老板都对他刮目相看。

其实，人都是逼出来的。在老板没有给小鱼下最后通牒之前，他总觉得管理不那么重要，因而对于管理漫不经心。直到老板说要让小鱼回到原来的岗位上，小鱼才意识到问题的严重性，毕竟谁也不愿意为了照顾别人的面子，丢掉自己好不容易得到的管理岗位的工作。随即，小鱼马上调整思路，一定要当黑脸包公，做好管理工作。在进行雷厉风行的改革初见成效之后，他更是每天都暗示自己要成为优秀的管理者，对自己满怀憧憬和期望，从而使自己由内而外地发生改变。他，真的变成了一位优秀的管理者，并且得到了老板的肯定。

自我激励拥有很强大的力量，这种力量甚至能够改变一个人的内心，让这个人发自内心地自信，也对自己充满期望。这样的力量会激励我们走向成功，战胜遇到的一切困难，也能帮助我们变得更加强大，成为人生中真正的强者。这样一来，我们自然能够底气十足，也动力十足地走好人生之路。朋友们，从现在开始，让我们相信自己，离成功更进一步。

参考文献

[1]奥里森・马登.这一生，为自己而活[M].苏州：古吴轩出版社，2015.

[2]丁浩.为自己喜欢的一切而活[M].南京：江苏文艺出版社，2015.

[3]李昇旭.为自己，敢不敢再活一次[M].南京：广西科学技术出版社，2015.

[4]武志红.你就是答案：活出独一无二的自己[M].北京：北京联合出版公司，2016.